# 川　辺　川　ダ　ム
# あなたは欲しいですか

岐部明廣

海鳥社

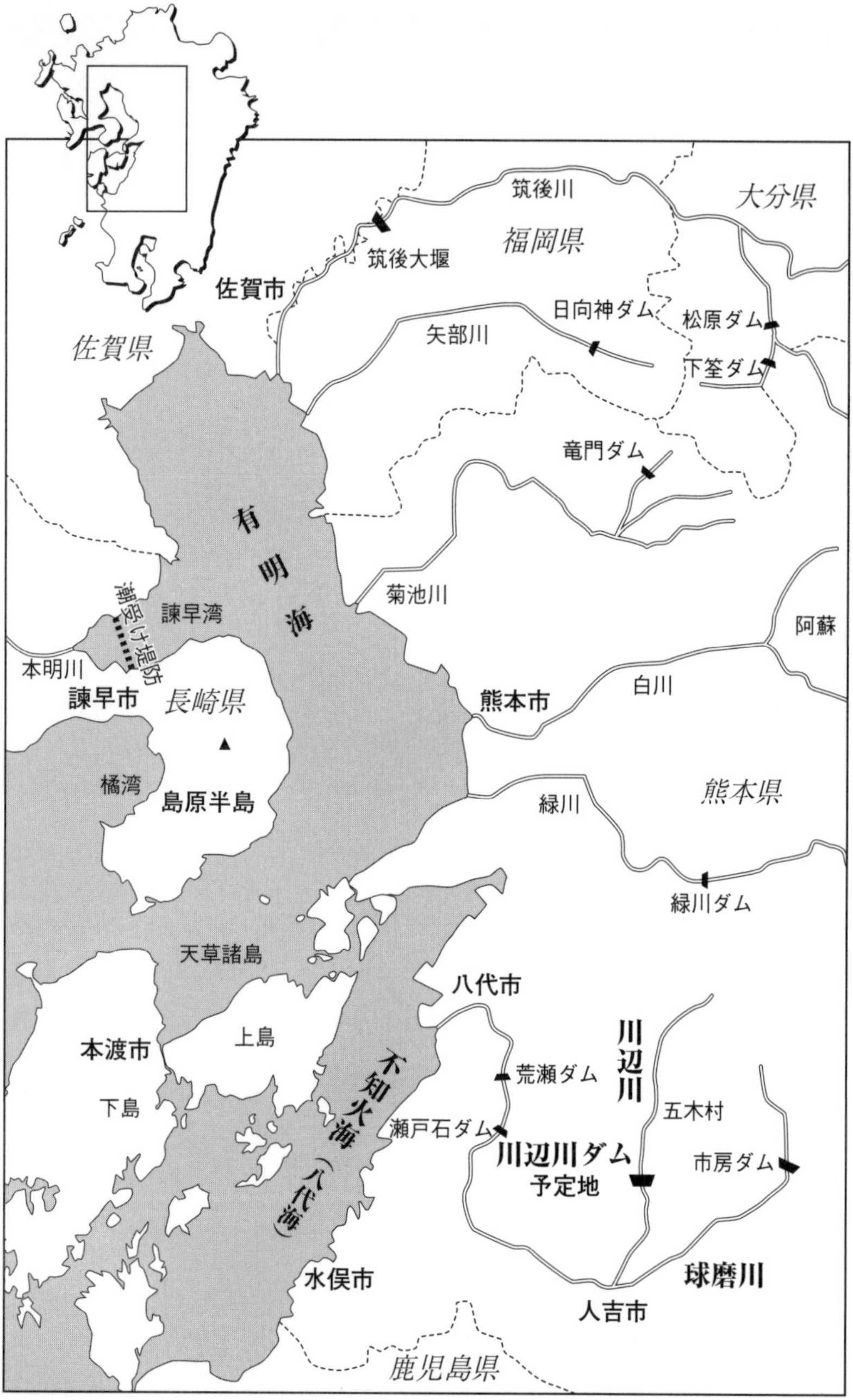
筑後川
大分県
福岡県
筑後大堰
佐賀市
日向神ダム
松原ダム
矢部川
佐賀県
下筌ダム
竜門ダム
有明海
潮受け堤防
諫早湾
菊池川
阿蘇
本明川
諫早市
長崎県
熊本市
白川
橘湾
島原半島
熊本県
緑川
緑川ダム
天草諸島
八代市
川辺川
本渡市
上島
不知火海（八代海）
荒瀬ダム
下島
瀬戸石ダム
五木村
川辺川ダム
予定地
市房ダム
球磨川
水俣市
人吉市
鹿児島県

川辺川周辺図

川辺川（左側）と球磨川（右側）との合流点（写真提供・上村光治氏）
上・市房ダム放流時、下・市房ダム非常放流時、水質の違いがよくわかる

右・アッパー川辺川“ビッグママ”でラフティングを楽しむ若者たち
左・日本三大急流の一つである球磨川でラフティングを楽しむ若者たち

上・球磨川でのカヌー
下・球磨川でのラフティング。白い飛沫が目にまぶしい

# はじめに

川辺川ダム本体工事の是非を問う、人吉市の住民投票を求める運動をし、この事業は民意に基づいた計画ではないということがわかりました。私は日本は民主主義国家と思っていましたが、まだまだ確立していないのが現実とわかりました。そして、川辺川ダムの第一回～第七回までの住民討論会での国交省の対応を目の当たりにしてその意を更に強くしました。

川辺川ダム反対運動での私の役割は、いかにして人吉市民の啓蒙をするか、そして市民の心の奥にとじこめられた本当の心を目覚めさせるかという点と考えていました。その目的のために、多くの詩と意見を「人吉新聞」及び「週刊ひとよし」に投稿し続けました。

その詩と意見を中心に、住民投票を求めた活動を私なりにまとめた『川辺川の詩』（平成十四年四月出版、海鳥社）を前編とするならば、今回のこの本『川辺川ダム　あなたは欲しいですか』は後編となります。この二つの本を読めば、いかに川辺川ダムは地域住民の意志に反した事業であるかということがわかります。

小泉純一郎首相も常々、構造改革なくして日本の未来はないと言い、政府の広報誌「Cabiネット」（内閣政府広報室編集、時事画報社発行）を読んでも、構造改革と環境立国を強調されておられます。この意味からも、環境破壊の最たる、民意を反映しない、治水も利水も大義を失った、無駄な公共事業である川辺川ダムを中止して、構造改革の第一歩とし、環境立国「日本」の名に相応しい結論を出してほしいと切に願います。

扇千景国土交通大臣（当時）は「流域住民の生命と財産」を守るために、川辺川ダムを造ると常々おっしゃられていますが、流域住民は、誰一人としてその建設目的を信じている人はいません。建設賛成の人も、ダム建設による経済活性化を期待しているに過ぎないのです。しかし、ダム建設による経済効果は、医療や教育などの他の分野の投資に比較して、効率が悪いことが指摘されています。

いずれにしても、どの角度から検討しても、川辺川ダムの公益性・妥当性はないようです。

二〇〇三年五月二十三日

岐部明廣

川辺川ダム　あなたは欲しいですか◉目次

## 第一章　川辺川ダムに安楽死を

## 第二章　これでいいのか



## 第三章　川辺川ダムの欺瞞

# 第1章
# 川辺川ダムに安楽死を

# 想像してごらん

想像してごらん
　市房ダムもなく
瀬戸石ダムも荒瀬ダムもなく
もちろん川辺川ダムもなく
昔のように
球磨の急流滔々と
早瀬を走り岩を嚙みと
歌われたあの球磨川を

想像してごらん
　何の障害もなく
不知火海より鮎帰(あゆかえり)、渡(わたり)を越え
稚鮎の大群が嬉々と

我先に溯上する姿を
何の障害もなく
秋の落ち鮎の大群が
産卵のために海へ下る姿を

想像してごらん
水のよどみもなく
心のしがらみも亀裂も対立もなく
ただ水遊びをする
子供たちの明るい歓声が
夏のあの鮎の甘い匂いをはこぶ涼風と
豊かな清流とともに
木山の淵に戻った姿を

付記　この詩を「立春のご挨拶」として人吉市民
五〇〇名に出しました。

# 鮎帰と鮎釣

球磨川の流域に
鮎帰（あゆがえり）という地名がある
その昔ダムのない頃
秋になると産卵のため
不知火海へ落ちていく
鮎を落鮎といった
孵化し稚鮎となって
春に溯上する姿を
鮎帰と表現したのだろう
自分勝手に想像している

その昔
天竜川も鮎が多かったのだろう

鮎釣（あゆつり）の地名がある
鮎釣は竜山村と天竜市との間にある
ダムのない頃は
日本一の清流にして急流であった
昔の球磨川のように

泰阜（やすおか）ダム
平岡ダム
佐久間ダム
そして
秋葉ダムができて
川が涸れ
鮎を釣ろうにも鮎が
泳ぐ水がない
今は鮎釣の名が泣いている

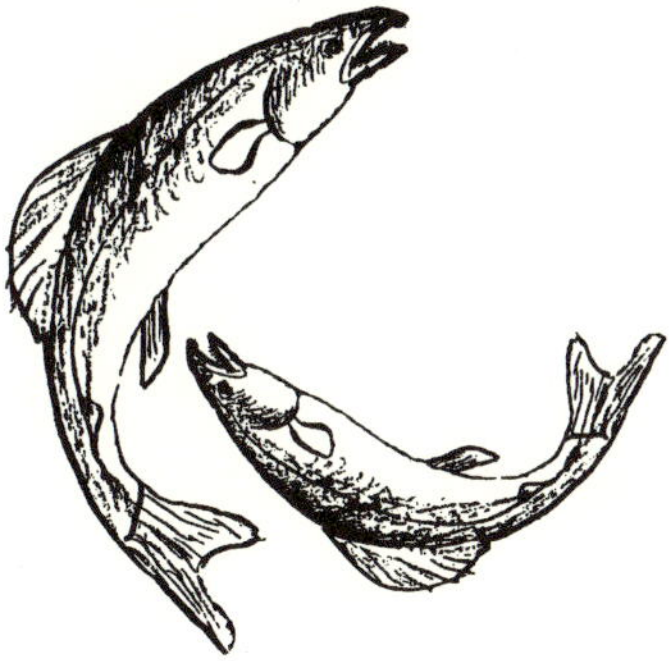

# どこに消えた落ち鮎の大群

思い出してごらん
川底の赤石や白石が
澄んでくっきりみえた
あの美しかった球磨川を
スイカのような鮎の匂いが
漂った夏のあの球磨川を

思い出してごらん
木山の淵の岩壁の上段より
思い切り飛び込んだ夏の日を
馬蹄麟閣（ばていりんかく）の句碑の下
木でうっそうとした
坂を駆けおりた少年時代を

思い出してごらん
　水豊かな球磨川に
　浮かぶ精霊流しの
　木舟を競って奪い合った夏の日を
　水の手橋の欄干越しに
　移動する秋の落ち鮎の大群を

夏のあの鮎の匂いは今の球磨川にはない
木山の淵にひびいた
子供たちの歓声を今は聞くこともない
球磨川はどうして
こんなにも変わったのだろう
秋の落ち鮎の大群はどこに消えたのだろう

私は昔の球磨川を
取り戻したい
あなたとともに

# 川辺川の水はただの水ではない

ここ球磨盆地を
悠々と流れる
唯一の清流川辺川
縄文文化以前の
太古の昔より
流れつづける川辺川

この川辺川の水はただの水ではない
球磨川とともに
太古の昔より
ここ球磨盆地の
歴史と文化の基となり
多くの生命の糧となってきた

この川辺川の水の流れを
止めることは
水の死を意味し
取り返しはつかない
子孫も許しはしない
神も許しはしない

それは神への冒瀆であり
それは歴史への冒瀆であり
文化の衰退
生物の種の減少
つまりある生物の種の
絶滅を意味する

今、ここに生きる私達の
とるべき行動は明瞭だ

## 母なる川

遠藤周作の「深い河」は、私の好きな小説の一つです。その中に次のようなやりとりがあります。


「いよいよ母なるガンジス河です」

「死体の灰を流したそばで、沐浴するって本当ですか」

「本当です」

「不潔と思わないのかなあ、印度の人達は」

「とんでもない。何度も申し上げるように、ガンジス河はヒンズー教徒にとって、聖にして母なる河ですよ。それだからこそ、いつの日にかそこに流されるため、彼等は汽車や徒歩で長い旅をつづけ、この街に来るんです。ほら、窓の外を見てください。長い枯枝の杖をついた老行者たちが今、交差点を渡っています」


インドのヒンズー教徒にとって、ガンジス河は最高の死に場所にして、聖にして、真に母なる川なのです。本当に素晴らしい心の川なのです。

インドの聖典では「一切の罪業が洗い流されるためには、サラスワチ川では三回、カムナ川では七回、ガンジス川では一回の沐浴を行わねばならないが、ナルマダ川の場合には、一切の罪業から解き放たれるためには、この川を単に眺めるだけで十分である」と書かれています。インドでは、ガンジス川だけでなく宗教的意味合いを持つ川が多いことにも驚かされます。

この球磨盆地を悠々と流れる球磨川も相良藩七〇〇年の歴史を刻んだだけでなく、太古の昔よりただひたすらに流れ、縄文文化から現在に至るまでの人吉球磨の文化の基となってきたのです。球磨川なくして人吉の文化は語れないのです。

インドのヒンズー教徒にとってのガンジス川と同じように、ここ球磨盆地に縁あって住む私達にとっても、球磨川は聖にして、母なる川なのです。母なる川を汚すことは決して許されない冒瀆なのです、自分の母を傷つけることのように。

世界のいろいろな河川を調べてみると、「母」として語られる川は数多くあります。例えば、カスピ海にそそぐボルガ川は「陸地の母」を意味し、インドのカンベイ湾へそそぐナルマダ川は「母なるナルマダ」と言われています。また、タイ語の「maenan」は、川を意味すると同時に「水母」を意味しています。母以上の女神とさえ崇められる河川もあります。アイルランドのボイン川は女神として崇拝され、ナイル川の洪水は、古来より女神イシスの涙であると見なされてきたのです。このように、古来より人間は、川を母として大切にしつづけてきたのです。しかしながら川に対する謙虚な気持ちを忘れた現在の私達は、母なる川に本当に無礼な行為を繰り返しているのではないだろうか。

川は流れて川なのです。川は流れて母なる川であり、女神であり、宗教的な重要性があるのです。ダム貯水池は、川を川でなくし、流れの停滞は、川の死を意味するのです。球磨川を母なる川として大切にする責任を負う、今ここに生きる私達は、先祖に対しても、子孫に対しても、神に対しても、川の流れをダムで止めてはいけないのです。川の流れを止めることは、自分の母を死なしめる冒瀆と同じなのです。

今年の市長選挙はその観点からも、とても重要な意味合いがあると思います。人吉市民の良識が問われていると言っても過言ではありません。人吉市民の手で川辺川ダムを安楽死させましょう。

付記　これは「週刊ひとよし」平成十五（二〇〇三）年新年号に載せた一文です。さらに私はこの「母なる川」を五〇〇〇枚印刷して市長候補の村上恵一氏の応援と市民の啓蒙のために配布しました。ダムと人権・環境問題について世界的視野で勉強したい人はパトリック・マッカリー著『沈黙の川　ダムと人権・環境問題』（築地書館、鷲見一夫訳）をぜひとも読んでください。日本のダムだけではなく世界の多くのダムの問題点がわかりやすく詳細に記述されています。

川辺川で釣りを楽しむ人達（撮影・江口司）

# 教えてください

ダムが出来て川の水が
減らなかった川を
ダムが出来て川の水が
汚れなかった川を
そんな川が
日本のどこに
世界のどこに
あるというのです
あるのなら
教えてください
市房ダムが出来てからの
球磨川を見てごらん
一ツ瀬ダムが出来てからの

一ツ瀬川を見てごらん
鶴田ダムが出来てからの
川内川を見てごらん
綾南ダムが出来てからの
綾川を見てごらん
今の川の姿は
あまりにも無残です

付記　国土交通省は、川辺川ダムが出来ても水質にほとんど影響はなく、鮎も今までと同じように生育すると主張しますが、私はとても信じることが出来ません。川漁師の吉村勝徳人吉市議会議員（漁民の会代表）も「ダムのある球磨川本流の鮎と、川辺川の鮎とでは香りが違う。きれいな水で育つコケを食べるからです。何も知らん連中が『ダムを造っても鮎は大丈夫』とほざきよる。とんだ間違い。ダムの息の根を止めんといかんばい」と言っています。

# 川辺川ダムに安楽死を

山も、森も、川も、海も
尺鮎も
アオハダトンボも、クマタカも
イツキメナシナミハグモも
ツヅラセメクラチビゴミムシも
川辺川ダムの安楽死を願っている
私も、あなたも
私の子供たちも
あなたの子供たちも
私の父母も
あなたの父母も
人吉を離れて郷土を恋しく想う人たちも
これから人吉に生まれてくる子供たちも

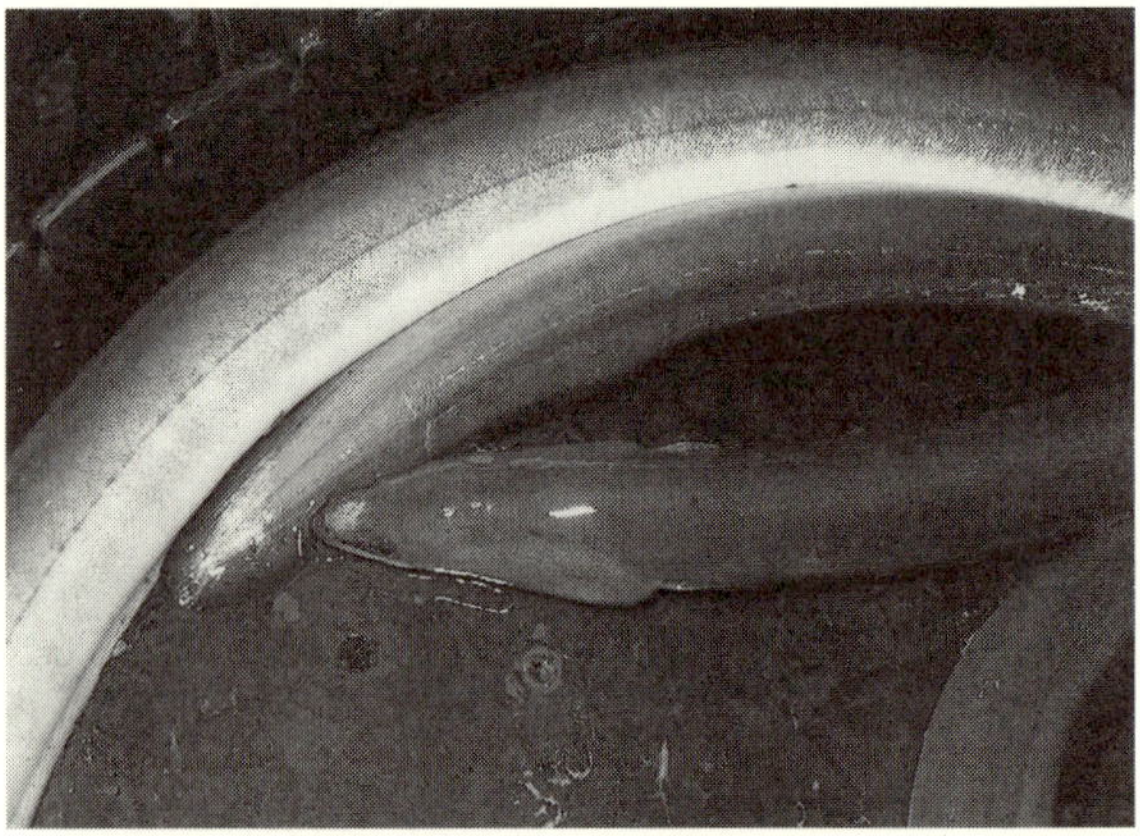

川辺川のうなぎ（撮影・江口司）

全国の自然を愛する人たちも
川辺川ダムの安楽死を願っている
潮谷熊本県知事も
同じ気持ちだと
私には感じられる

市長さん、村長さん、議長さん、議員さん
もう、川辺川ダムの延命は
必要ではないのでは

川辺川ダムの尊厳死を
そろそろ認める時期ではないでしょうか

付記　福岡高裁では、川辺川利水訴訟で農民（原告団長・梅山究氏）が勝訴しました。農水省は多目的ダムである川辺川ダムの一つの目的「利水」計画練り直しを余儀なくされたのです。最後の砦である「治水」もその大義は既に消失しています（第三章参照）。

# 安楽死したダム

オーストラリアのフランクリンダムも
フランスのセル・ドゥ・ラ・ファーダムも
アメリカのオーバンダムも
ブラジルのババカラダムも
ハンガリーのナージマロシュダムも
ロシアのカトゥンダムも
タイのナム・チョンダムも
インドのサイレント・べリーダムも
インドのサルダル・サロバルダムも
長野県の浅川ダムも
安楽死した

ようやく市民が分かってきた

ダムの便益よりも損失がはるかに大きい事を
次第に市民の抗議の声が大きくなってきた
そして
ようやく
日本の川辺川ダムも
尊厳死を告げられる時が来た
本当に長い長い道のりであった

付記　スウェーデンとノルウェーにおいて、自然の流れが残っている河川はすべて法的に保護され、ダムの建設が禁止された。アメリカでも河川保全法の下で、ダム建設の規制の方向に歩み出している。日本も早くそうなってほしい。

私は川辺川ダムが安楽死するか否かで、今後の日本でも、自然の流れが残っている河川が法的に保護されるようになるか否かの分岐点になるような気がしてなりません。その意味でも人吉市民の真の民意が顕在化することが望まれます。人吉市民の良識が問われているのです。

# それは感性の差か

そこに美しい川がある
白い飛沫（しぶき）をあげる
清流がある
さわやかな空気が
飛沫から生まれる
この水の流れを止めたくないのが
少年の感性だ
水が海に流れ込むままにしておくのは
浪費だ
もったいない
これは大人の感性だ
何という感性の差だろう

付記　水が海に流れ込むままにしておくのは浪費だと言ったのは、ロシアのスターリンです。一方、ノーベル平和賞を受けたアルベルト・シュバイツァ医学博士は「世界中の人が今、少年の感性を持ったら、地球はどんなに美しくなるだろうか」と言った。シュバイツァの思想と、自然を根底から破壊するダムは、相容れないのです。四十年前、自然を破壊し人体を蝕む化学薬品（農薬）の乱用を指摘し、孤立無援のうちに『沈黙の春』（新潮社）を出版したレイチェル・カーソンもシュバイツァ博士を尊敬している一人です。昭和三十七（一九六二）年に出版された『沈黙の春』で鋭く告発していることは、二十一世紀の今でも地球上に生きる私達が学ぶことの多くを含んでいます。

「二十世紀というわずかの間に人間という一族が、恐るべき力を手に入れ、自然を変えようとしている」と、空気、大地、河川、海洋などの自然の破壊・汚染を平気でする人間の行為を彼女は危惧しています。潮谷義子熊本県知事も、シュバイツァ博士を尊敬している一人です。私も尊敬しています。

シュバイツァ博士の生き方に感銘を受けた少年は多く、たくさんの少年達が医者になって多くの人を助けたい、と考えたに違いありません。私もそのうちの一人です。

# 自然のあるじは人間ではない

不知火海の干潟でも
鮎帰でも
球磨川源流でも
五木・五家荘でも
球磨の白髪岳でも市房山でも
迎烏帽子山でも烏帽子岳でも
千段轟の滝でも白水滝でも
球泉洞でも九折瀬洞（つづらせどう）でも
そして川辺川でも
自然のあるじは人間ではない
自然をないがしろにすると
必ずしっぺ返しに遭う
それが自然の摂理である

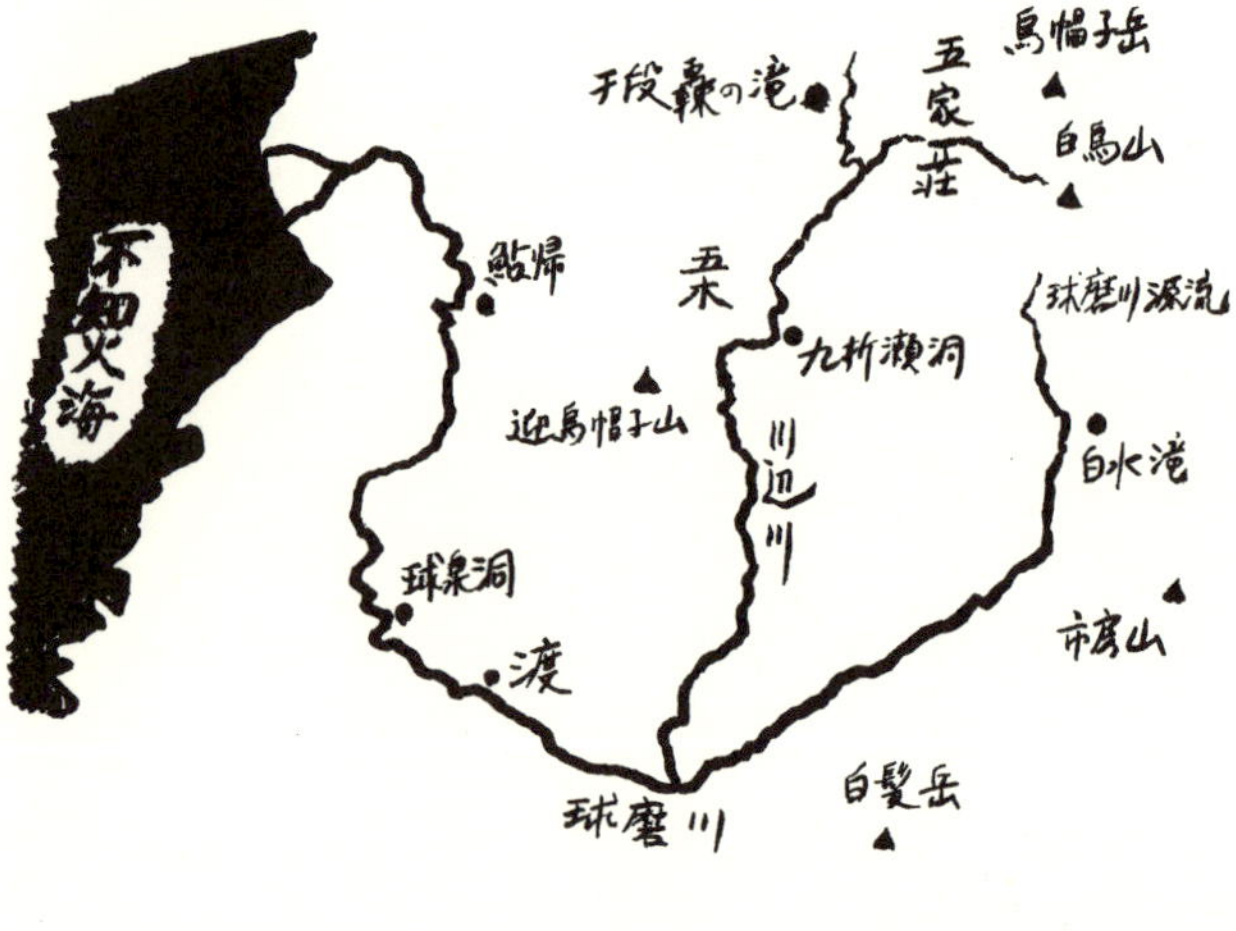

付記　川辺川も素晴らしい川ですが、花と山登りの好きな人にはヒメシャラの白髪岳（ブナの巨木で有名）、五月のミツバツツジ、ツクシアケボノツツジの市房山、ツクシシャクナゲの烏帽子岳、フクジュソウの迎烏帽子山はお勧めです。川辺川の源流があるといわれる白鳥山は、平家落人の屋敷跡もあり、ヤマシャクヤクの清楚な白い花もあり素晴らしい。

私も妻と共に花を求めて山登りをしますが、山の中にある砂防ダムには幻滅です。時には役立っている砂防ダムもあるかもしれませんが、川辺川ダム建設予定地上流の相良村・五木村及び泉村の大半の砂防ダム（合計二三一基建設予定）は、その建設意義にいささか疑問がありま す。

平成十五年七月二日の熊本県水俣市宝川内の土石流災害が発生した場所を川沿いに上ると、壊れたコンクリート製の治山ダムが三基ある。国交省によると、土石流の破壊力は「横一列に何台も並んだ一〇トントラックが時速数十キロの早さで次々と突っ込んできたようなもの」とのこと。現地調査をした岩毛雄四郎佐賀大教授（地盤防災工学）は「土石流をダムなどで防ぐのは厳しい」と砂防ダムの限界を指摘しています。

人工林の適性な間伐による針広混交林化は、山の保水力を高めるのはもちろん、斜面崩壊、土石流などの土砂災害を防止する治山対策として大切であることを印象づけた今回の土砂災害でした。にもかかわらず、川辺川ダム建設が決定する以前より、ダム湖への堆砂を防ぐためにどんどん砂防ダムを造っているのです。

# 聖書にみる自然への関わり

天地創造の中で
聖書は明らかに
「地を従わせよ　すべての生き物を治めよ」と
人間の使命を書き示している
「地を従わせよ」とは
地を自然を征服せよ
と言っているのだろうか
いや
そうではない
神が人間に与えられた
美しい空気と
清らかな澄んだ水と
緑の山野と

肥沃な土地を
汚すなということではないだろうか
「すべての生き物を治めよ」とは
すべての生物を征服せよ
と言っているのだろうか
いや
そうではない
神が人間に与えられた
すべての生物以上の知恵と愛とで
謙虚な気持ちで
すべての生物を愛(いと)しめと
言っているのではないだろうか

付記　聖書の天地創造を読んでも、川辺川ダムのように大義のないダムによって美しい自然と多くの生き物を傷つけることは、神への冒瀆に他ならないと思います。そしてダム反対の声をあげないことも同罪なのです。

## シュバイツァの思想

アルベルト・シュバイツァは、ドイツとフランスの国境近くのアルザス地方の比較的裕福な牧師の長男として生まれました。敬虔なクリスチャン一家の中で育ちました。ストラスブール大学に進んで、神学や哲学を修め、あの有名な『若きヴェルテルの悩み』や『ファウスト』を書いたゲーテの、「ゲーテ哲学」の実践者として認められました。また、パイプオルガンの奏者としても有名でした。

彼は、物質文明には批判的で、自然と生命とを何よりも愛して大切にしていました。彼は、牧師や哲学者としてでなく、三十一歳で医学部に再入学し、医学博士となった三十八歳にアフリカへ渡り、そこに住む人々の病気を治す道を選んだのです。それが自分の生涯の進むべき道であるとゲーテの理想主義を身をもって実践したのでした。

ノーベル平和賞を受けた後では、反戦を訴え、地球上に生きるすべての生命と、地球を傷つけることに反対したのです。そして「世界中の人が、いま十五歳の少年の心をもったら、世界はどんなに美しくなるだろうか」という有名な言葉を残したのです。

シュバイツァの思想を大切にされてこられた潮谷義子熊本県知事の言葉のはしばしに、何か強い共感をおぼえていました。もし川辺川ダムが安楽死したならば、最大の功労者は彼女であろうといつも感じていました。

「生命の畏敬」を根本にするシュバイツァの思想は、大義のない（私にはそう思える）川辺川ダムとは相容れないと私は確信をもっていました。

私の編著の『川辺川の詩』（海島社）を知事へ贈呈した礼状として、平成十四年五月八日、知事より次のようなお手紙をいただいて、私は、「ダムは安楽死する」と強い確信を得たのでした。

　気候が安定しない毎日でございます。御贈本ありがとうございました。

　岐部先生は国東半島の出身でいらっしゃるのですね。とっても懐かしく存じます。私は大分県庁に働いていました頃、国東郡の安岐、武蔵をケースワーカーとして走りまわっていました。（中略）

　先生の出身地を拝見し、学ぶことの多かった時代、「生命に頭を垂れる」ことの原点を身をもって実感した事を思い出しました。すばらしい上司、吉田嗣義氏と出合うことによって福祉の心を養ってもらいました。時間をみては私を国東半島、宇佐に連れて行って下さいまして「名もない者は名もないまま没す、それが歴史をつくっていく大事な存在」

であることを徹底して教えていただきました。

私が中学時代からかぶれ続けたシュバイツァの思想を吉田氏もまた大事にされていました。この共通点を土台に、大分時代、私は、育てていただきました。「生きようとする生命にとりかこまれた生きようとする生命」（シュバイツァの思想）。人々は自然との触れ合いの中で生命の一回性を知り、その生命が次の世代を受けついでいく。この真理を国東や宇佐、姫島を歩きながら心に刻み込みました。

とっても無力な私です。長い長い川辺川ダムの歴史です。どう乗りこえていくことが出来るのか謙虚な自分でありたいと願っています。正直でありたいと思う気持ちがことばを生み、歴史にブレーキをかける、と厳しく言われます。でも、とっても私の心は静かです。そうでなければエネルギーが私の中から枯れてしまいますから……。

お礼状、とっても遅れてしまいました。カナダの御友人のお便りもありがとうございました。

二〇〇二、五、八　　　　　　　潮谷義子

付記　キリスト教でも仏教でも修行を積んだ人の心は静かです。心が静かな方が強いエネルギーが生まれるのは真実のようです。川辺川ダムの賛否を論議する時、いつも興奮してしまう私ですが、潮谷知事に学ぶことが多いのです。

潮谷知事が若いときに歩かれた国東半島と現存する六郷満山寺院

# 尺鮎の涙

清流川辺川が育む大きな鮎を尺鮎という
私は鮎が涙を流すかどうか知らない
鮎の命は一年と短い
しかしその遺伝子は
何十年何百年と受け継がれていく
我々人間と同じように

もし帰る故郷への道が
何らかの理由で閉ざされた時
どんな気持ちになるだろうか
もし帰る故郷が
何らかの理由で住めなくなった時
どんな気持ちになるだろうか

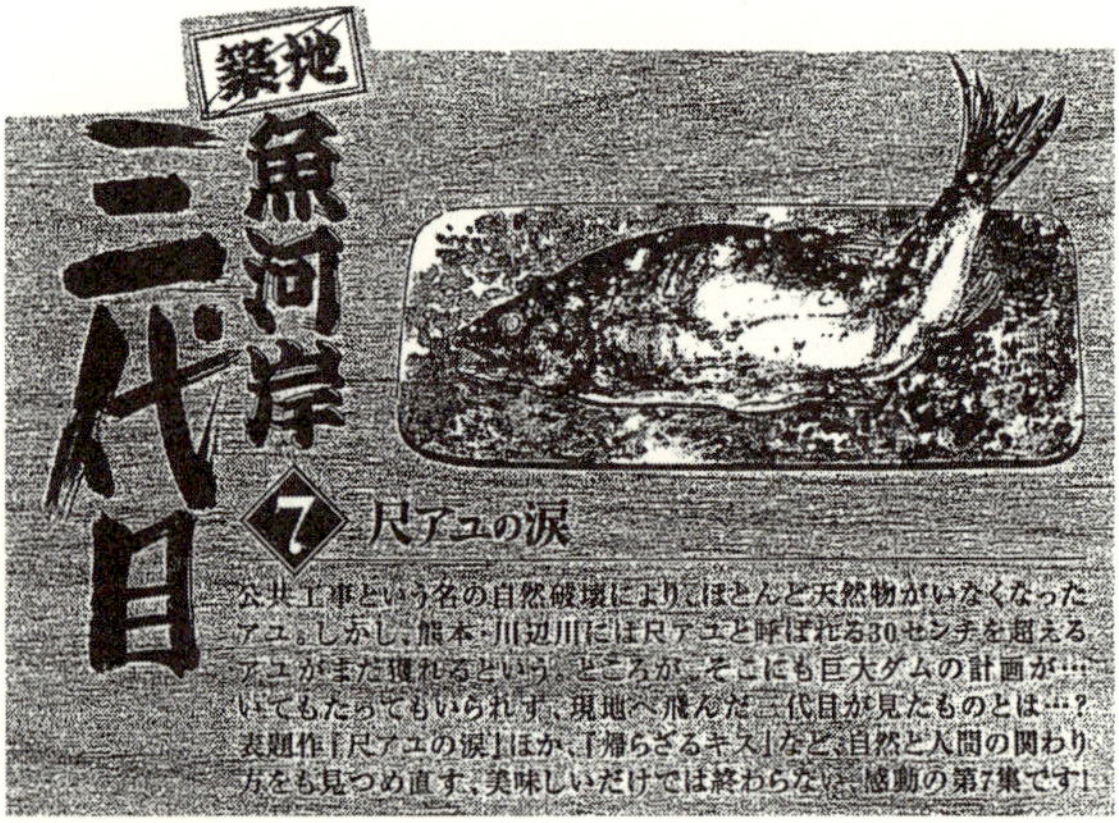


『築地魚河岸三代目』（鍋島雅治作、はしもとみつお画）第七巻「尺鮎の涙」の広告（小学館「ビッグコミック」より）

鮎もやはり涙を流すだろう
我々人間と同じように

付記　「ビッグコミック」（小学館）に掲載された「築地魚河岸三代目」の「尺アユの涙」（鍋島雅治作、はしもとみつお画、平成十四年七月十日、二十五日、及び八月十日）を読んでみてください。平成十四年四月に私の出版した『川辺川の詩』（海鳥社）のサブタイトル「尺鮎の涙」と偶然にも同じタイトルでした。ダムと鮎のことがわかりやすく書かれています。マンガなので、小学生、中学生にもわかりやすく、ぜひとも若者に読んでもらいたいと思っています。このダム問題は、小学生・中学生には、大人以上に関わりのある問題なのです。もし、ビッグコミックの「尺鮎の涙」を読んでみたい人は、外山胃腸病院の受付に申し出てください。無料で差し上げます。。

以上は平成十四年八月の「人吉新聞」へ投稿したものです。
なお、平成十五年四月一日に『築地魚河岸三代目』（小学館）第七集「尺アユの涙」が単行本として発売されています。

# パズル

ダムができて水が減って
水が汚れ川が死んで
○ユも
カ○ロウも
ウ○ギも
アオハ○トンボも
川○カデ（ヘビトンボの幼虫）も
タ○コウチも
カワゲ○も
シビ○チャも
クマ○カも
○ワナも減って
川漁師も減って

遠方からくる観光客も
カヌーイストも
ラフティングをする
若者も減って
観光旅館の賑わいも
町の活気も
市民のプライドも
○○○だろう

そしていずれ
ダムができたことを
誰もが○○○だろう

付記　○の中に一文字を入れて、その文字を横につなげて文章にしてください。
　日本の三大急流の一つの球磨川の「ラフティング」を、日本一の清流・川辺川のカヌーイングをぜひとも体験して川のすばらしさを肌で感じてください。

（案・アザナダムイランタイ）

# 魚の住みづらい川は人も住みづらい

ダムのない
川辺川のような
美しい清流を
アユ型河川という
大きい尺アユが育つ
ウグイも多い

一つダムができると
水質汚濁のため
アユが減り
オイカワが増え
オイカワ型河川という
球磨川本流がそうだ

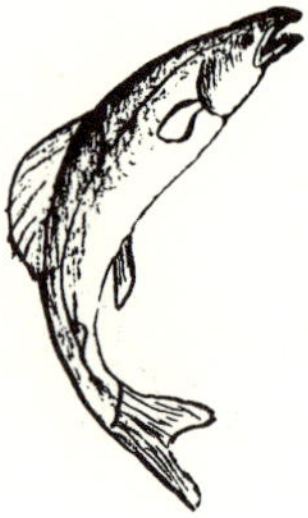

二つダムができると
更に水質が悪化し
フナ型河川となり
アユは全く消えている
三つダムができると
生活排水や工業排水とともに
悪臭まで漂う
もうほとんど魚はみられない
無魚型河川という
私はアユ型河川が好きだ
川辺川が好きだ
やっぱり清流がいい

付記　国交省のみなさん！　強引な川辺川ダム計画を推進せずに、そろそろ川辺川ダムの尊厳死を認めるべきではないでしょうか。清流「川辺川」の尺鮎を求めて全国から集まる太公望や「釣りキチ三平」を悲しませせないでください。

# 未来思考（志向）

反対する勇気
声を出す勇気
中止する勇気
これが今、求められているのです

阻止する勇気
NOという勇気
行動する勇気
これが今、求められているのです

未来思考
未来志向
子孫視点の行動

これが今、求められているのです

皆様、切羽詰まった今だからこそ
声を大にして反対することが
今、求められているのです
できる前はよかったと惜しまない為にも
皆の力で川辺川ダムに安楽死を

付記　私たち人吉市民にとって、川辺川ダムは何のメリットもないのは誰でも知っていますが、それを声に出して言うことはこれまで勇気のいることだったようです。しかし、最近では逆にダム賛成と言うことも勇気がいるように変わりつつあります。清流球磨川・川辺川を未来に手渡す流域郡市民の会や、漁民有志の会の地道な活動とともに、「人吉市の住民投票を求める会」の活動も、人吉市民の啓蒙に一役買ったと自負しています。

# ナルマダ川を救う運動の歌

森林と土地は　誰のものなのですか
私たちのものです
それらは　私たちのものです

燃料となる木々は　誰のものなのですか
私たちのものです
それらは　私たちのものです

花々と緑草は　誰のものなのですか
私たちのものです
それらは　私たちのものです

家畜の牛たちは　誰のものなのですか

私たちのものです
それらは　私たちのものです

竹林は　誰のものなのですか
私たちのものです
それらは　私たちのものです

付記　ヒンズー教の教典の中で「ナルマダ川の場合には、一切の罪業から解き放たれるには、この川を単に眺めるだけで充分である」といわれたナルマダ川は、ヒンズー教徒にとってはガンジス川に勝るとも劣らない聖地です。この聖地は、サルダル・サロバルダムによってせき止められ、二百キロの長さの土地が水没し、森林も燃料となる木々も、花々も、緑草も、家畜の牛たちも竹林も、今にも消えそうになっているのです。

国交省の皆さんに問いたい。美しい自然は誰のものなのですか。それらは私たちのものではないのですか。

# ダム反対とガンジー主義

トルストイは言う
「腕力はいけない。武力はいけない。戦争はことに悪い」
ガンジーはトルストイの本を読み悟った
「トルストイは正しい。
人のくらしは、質素でおだやかでなくてはならない。
乱暴することはよくない
人が幸せになるために懸命に働かなくてはいけない」
ガンジーは
「サチャグラハ」の運動を始めた。「サチャ」とは「真理」という意味で
「つかむ」という意味の「グラハ」を結びつけたものだ
「人は自分が正しいと思っている真理を口で言い
その真理のために喜んで死ぬ」という意味だそうだ

ガンジーは
ヒンズー教徒と回教徒のあらそいをやめさせようとして
二十一日間の断食をした
ガンジーは
インド独立のためインド国民の平和のため自分の命をささげた
サルダル・サロバルダム反対運動のためメダ・パトカーなど
「ナルマダ川を救うか溺れ死ぬかの軍団」は
「溺死による自己犠牲」の精神と断食活動にて
政府と世界銀行を動かしダムを無期延期へ追い込んだ
これこそ、インドに浸透したガンジー主義だと思われる
ガンジー主義こそ世界平和の原点だ
非対立、非暴力
自然破壊の否定、自然との調和
宗教の違いも超えた皆は家族なんだ
たった一つの世界に分かち合って生きているのだという考え方
今こそ
ガンジー主義で生きようではないか

# あなたはどう行動しますか

国交省が
漁業権を強制収用し
ダム本体建設を強行したとき
あなたはどう行動しますか

大分県・熊本県の
下筌・松原ダムの時の室原知幸氏のように
「蜂の巣城」を作って闘いますか

インドのサルダル・サロバルダム
反対運動の時のように
断食をしますか
溺死による自己犠牲をしますか

そうした勇気はないけれど
何とかしなければという大きな衝動に駆られます
全国の自然を愛する人達よ！
結集して座り込みましょう
ダイナマイトは駄目ですよ

私はこれが杞憂であると信じています
漁業権を強制収用することなしに
私達が座り込みする必要なしに
川辺川ダムが安楽死することを信じています

付記　川辺川利水訴訟でも農民側が勝訴したのです。利水事業も大義がないのです。国は利水がなくても、治水があるといいますが、欺瞞だらけの治水計画（第三章参照）の川辺川ダムは尊厳死しか取るべき道は残ってないのです。

# 父は空、母は大地　川は私達の兄弟

川を流れるまぶしい水は
ただの水ではない。
それは　祖父の
そのまた祖父たちの血。
小川のせせらぎは　祖母の
そのまた祖母たちの声。
湖の水面にゆれる　ほのかな影は
わたしたちの　遠い思い出を語る。

川は　わたしたちの兄弟。
渇きをいやし　カヌーを運び
子どもたちに
惜しげもなく食べ物をあたえる。

だから白い人よ
どうか　あなたの兄弟にするように
川に　やさしくしてほしい

付記　これは、一八五四（安政元）年、アメリカの第十四代大統領フランクリン・ピアスが、インディアン達の土地を買収し、居留地をあたえると申し出た時、インディアンの首長シアトルが、大統領に宛てた手紙の一部です（『父は空　母は大地——インディアンからの手紙』寮美千子編・訳、篠崎正喜画、パロル舎）。

インディアンの自然に対する気持ち、川に対する気持ちが痛いほどに伝わってきます。私達人吉・球磨の人々の川辺川・球磨川に対する気持ちと全く同じです。「白い人」を「国土交通省」と入れ替えても、全く違和感がありません。

ダムは川を壊します。だから、国土交通省よ、どうか川にやさしくしてほしい。どうかダムを造らないでほしい。これは、私達の切実な願いです。

## 国際河川ネットワークのサンフランシスコ宣言

昭和六十三年六月に、国際河川ネットワーク（ＩＲＮ）は、サンフランシスコにおいて、河川と水資源を、その最も直接的な脅威――大規模ダムの建設――から保護することに関心を有している市民団体のための国際会議を主催しました。この会議によって採択された内容について、次にその一部を紹介します。

(一)、ダムによって影響を受けるすべての人々――貯水池地域と下流域の双方の住民――は、彼等の生計に対して起こり得る影響について知らされなければならず、また立案段階において協議されなければならず、さらにプロジェクトを拒否することのできる実効的な政治的手段を与えられなければならない。

(二)、万一ダムが決壊するような場合に、それによって社会一般の安全性に対してどの程度の脅威が及ぶのかが調査されなければならず、またその分析結果は、洪水波によって影響を受ける恐れのある地域に居住するいずれの人にとっても、自由に入手できなければならない。

(三)、ダム建設プロジェクトにおいては、下流域における河岸、河口または沿岸での漁業に対して何らかの重大な悪影響も発生させないことが証明されなければならない。

(四)、ダム建設プロジェクトは、国立公園、遺産地域、科学的・教育的に重要な指定地域、ないしは絶滅危惧種または絶滅危惧種の生息地域のいずれに対しても悪影響を及ぼしてはならない。

(五)、ダム建設プロジェクトの立案にあたっては、当該プロジェクトが持続的なものであるか否かについて確かめられなければならない。その際には、特にダム貯水池における土壌堆積、土壌の塩類化、並びに集水域での環境悪化に起因する貯水池への流入量の変化について検討が加えられなければならない。もしも当該プロジェクトが持続的なものでないならば、現状復旧計画が、プロジェクト設計の一環として含まれていなければならない。

(六)、経済コストの予測のうちには、環境損傷にかかわる一切の経済コストが含まれていなければならず、また建設、準備、補修、解体に関連するすべてのコストが含まれていなければならない。

(七)、ダム建設プロジェクトの経済分析においては、費用と便益の予測の不確実性の範囲が想定されなければならない。

(以上「サンフランシスコ宣言」より抜粋)

以上サンフランシスコ宣言を読んでわかることは、大規模ダム建設において環境アセスメントをすることが最低必要条件ということです。日本の国交省はどうして川辺川ダムの環境アセスメントをすることを拒否するのでしょうか。頭のいい国交省の役人は環境アセスメントをすれば川辺川ダムが安楽死することを当の昔から知っていたのでしょう。

サンフランシスコ宣言の（一）から（七）のいずれにも国交省の川辺川ダム計画は違反しています。つまり計画そのものが世界の常識から逸脱した杜撰な計画といえます。

例えば、川辺川の鮎漁業、八代干潟河口の漁業へ対する悪影響が予想されます。このことはサンフランシスコ宣言の（三）に違反します。

五木村頭地より二〜三キロ上流に、全長一二〇〇メートルの九折瀬洞という洞窟があります。この洞窟には、世界中でここだけに生息しているといわれるイツキメナシナミハグモやツヅラセメクラチビゴミムシなどが確認されています。環境庁より絶滅危惧一類に分類されている貴重な生き物です。もし川辺川ダムが出来れば、洞窟の入口が水に浸かり、絶滅は免れないと考えられています。このことはサンフランシスコ宣言の（四）に違反する一例です。

利水裁判の判決がある以前より、国交省（農水省）は、ダム湖よりの水を利用するためのトンネルを建設しています。現状復旧計画が全く無視されて着々と工事が進められています。このことは、サンフランシスコ宣言の（五）に違反します。

国交省のダム建設経済コストには、環境損傷に関わる一切の経済コストも解体に関連する一切のコストも含まれていません。このことはサンフランシスコ宣言の（六）に違反します。

# 第2章
# これでいいのか

# 川辺川ダム反対運動を通して私がわかったこと

(一)、国交省は目的がなくてもしゃにむに目的を造りあげ、ダムを造ろうとしていること。

(二)、首長・議会も（本心ではダムはいらないと言うことがあっても）いつもダム促進で動くこと。少なくとも人吉・球磨地方ではそうです。

(三)、農村建設土木業は選挙の集票能力が高く、強力に地元の首長と議員をバックアップしていること。

(四)、ダム関連事業受注者がダム促進を主張する自民党県連、自民党代議士に多額の政治献金をしていること。

(五)、国交省の役人は、しばしばダム関連事業受注業者の大手ゼネコンへ天下りをしていること。

(六)、県議会、市議会、町議会及び村議会の主要メンバーは建設土木業のオーナーであること。とくに農村ではオーナーは地域のリーダーであること。その地元の首長（町村長）はオーナーの意向でしばしば選ばれること。

(七)、ダムは経済活性化になると首長も議会もしばしば宣伝していること。

（八）、農村建設土木業が地方産業の中心であり、多くの雇用をかかえ、多くの住民の生活を支え、これまで農村の生活レベルの向上に大きな貢献をしてきたこと。多くの住民はダムによる自然環境の破壊を嘆きダム反対であるが、首長・オーナーに雇用されているなど生活権を握られているためにさからうには勇気がいること。

（九）、農村建設土木業が自民党の最大の支持母体となり、自民党代議士はいつも農村建設土木業者に向いた政治をしていること。農村建設土木業も生きつづけていくためには、公共事業を必要としていること。

（十）、結果として空気、水、土地を汚す（地元住民が必ずしも望んでいない）公共事業が多くなること。この悪循環を絶つための手だてを講ずる時期にきていること。公共事業の質の転換または根本的な構造改革を必要としていること。そして政治家を含めた私達国民の責任は大きいこと。

付記　熊本県民の七割以上が川辺川ダムに反対しているのに、平成十五年三月、熊本県町村議長会（会長・穴井豪南小国町議長）は、川辺川ダム建設事業の推進の要望を潮谷義子知事に提出しました。ちょうど同じ頃、熊本県議会も川辺川ダムの建設の推進決議をしました。これらのことも（一）を裏付けるものです。

## 情報公開

あなたたちは知らなくてよい
あなたたちは知らなくても
　私（首長）がうまくやります

あなたたちは知る必要はない
あなたたちが知る前に
　議会がまとめます

あなたたちは知らなくてもよい
あなたたちが知ると面倒だから
　私（首長）と議会にすべてをまかせてください

すべて決まった後で情報公開することもあります

付記　平成十四年朝日新聞のインタビューで、アメリカ前内務長官、ブルース・バビット氏は次のように発表されています。

私たちは、ダムを進歩のシンボルと思ってきたが、サケが溯上を妨げられるなど環境面の壊滅的な影響が分かってきた。洪水地域がダムで守られたとして開発され、かえって被害が広がっていることも分かった。そこで、開発を規制することが大事だと考えた。

政治家や官僚、エネルギー、建設業界から批判が強かった。政治家はダムを愛する。自分の州に予算が来なければよそにとられると考える。官僚も権力、予算獲得につながるダムを愛する。それでも、ダムに頼らない政策を進められたのは、世論に訴えた面が大きい。すべての過程を白日の下にさらすことが大事だ。さまざまな選択肢、情報を有権者に示すことで、議論が深まる。

（米国の脱ダム報告「朝日新聞」平成十四年十一月二十一日）

政治家がダムを愛するのは日本でもアメリカでも同じようです。しかし、情報公開することで、議論が深まり、ダム反対の大きな流れ（世論）が出来るのだと思います。

## 私達はダムを進歩のシンボルと思ってきたが、しかし

私が小学生の頃、私の通っていた国東半島（三十七頁参照）の先端にある国見町の伊美小学校では、全校生徒が体育館に集められ月一回、映写機によって日本のニュースを見せられていたことを思い出す。

そのニュースの一つが、どこのダムだったか名前は忘れたが、ダム建設の困難さを克服しダムが完成し、莫大な電力を創出し多くの人々が助かったという内容だったと、おぼろげながら思い出す。

そして小学校の先生もダムのすばらしさを教えてくれた。私達は子供心にダムはすばらしいものと、それを疑う余地は全くなかった。実際に日本のダムが生み出す電力は、日本の工業の発展に多大な貢献をし、国民を豊かにしたのは事実だと思います。そして、私達はダムを進歩のシンボルと、小学校の先生より教えられたように長い間信じてきた。

しかし、多くのダムが環境面でのマイナス効果が予想以上に大きいことがわかってきた。それを多くの国民はそれぞれの地元にあるダムで実体験して理解してきた。

私達、人吉市民も市房ダムによって球磨川がどのように変化してきたかを、身をもって体験

しています。特に川辺川ダムでは、治水も、利水も、電力も、その大義がみつかりません。ダムを造ることが目的になっているようにさえ思われます。

バビット氏が指摘しているように、計画段階において地域住民へさまざまな選択肢を示し、全ての情報公開をすることが大切だと思います。

川辺川ダムを考える住民討論集会における国交省の姿勢をみる時、情報公開をするどころか、あの手この手を使って三十七年前の計画を正当化し、環境アセスメントさえも三十七年前の計画だからする必要はないと拒否し、土地を強制収用し漁業権の強制収用をし、今にも強行突破しようとする姿勢は、悲しい限りです。

潮谷義子熊本県知事の住民の意見を聞こうとする姿勢で、どうにか本格的な本体工事着工が阻止されている状況です。もし、潮谷県知事でなく、福島譲二前県知事のままであったらと仮定の状態を考えた時身震いをおぼえます。今、熊本県に潮谷知事がおられるのは川辺川・球磨川にとっては神の思し召しだったのではないかといつも感じていたのでした。

## 必要性のアセスメント

川辺川にダムは本当に必要か
費用対効果の検討は充分か
住民参加は充分か
情報公開は充分か
ダム計画の意志決定の過程は
どうなっているのか
充分に知らされてきたのか
環境破壊は、どの程度か
環境を犠牲にしてまで
本当にダムは必要か
地元住民の要請（要望）というが本当か
住民側に選択肢はないのか
やっぱり言いたい

（画・坂本福治氏）

川辺川にダムは本当に必要か
真実を知れば知るほど
ダムの必要性の疑問が増大する
再度言う
ダムは本当に必要か

付記　東南アジアの各地に、日本政府が巨額の途上国援助（ＯＤＡ）で日本のゼネコンが造ったダムに対して、現地の住民からの抗議が上がっています。インドネシア・スマトラ島のコスパンジャンダム、タイのパクムンダム及びフィリピンのサンロケダムがそうです。スマトラ島では日本政府に対して提訴まで起こしているのです。日本政府の相手国の希望に応じてという「要請主義」も、現地の住民の視点を抜きにしていると問題になっています。まさに川辺川ダムが現地住民の視点が抜きになっているのと全く同じです。

世界ダム委員会報告でも、巨大ダムの必要性を抜本的に問い正し、住民参加と説明責任、ダムによる損失の公正な評価などを開発の基本とするように勧告しています。日本の行うＯＤＡダムも、川辺川ダムと同じように計画段階で、必要性のアセスメントが全く欠如しているようです。

## 住民の長年の悲願

悲願とは何のことだとお思いでしょうか。
美しい自然を守ること、
美しい清流を守ること、
いや違うのです。
国交省の川辺川ダム事業説明書によれば、川辺川ダム建設のことだそうです。
「朝日新聞」の世論調査でも「熊本日日新聞」の世論調査でも、ダム促進を願う人は少数派です。なのに長年の悲願とはどうしてなのでしょう

一、熊本県及び流域市町村によるダム建設促進の要望
二、熊本県議会及び流域市町村議会による促進の要望・決議

だそうです。
つまり、住民の悲願でなく首長及び議会の悲願なのです。

（ただし潮谷義子熊本県知事は促進の要望はしていないと私は理解している）

このことは、代議制民主主義の破綻を意味しているのです。

首長の承認さえ得れば、

議会の承認さえ得れば、

こと足れりと国交省はお考えのようです。

住民も馬鹿ではないのです。

住民も無知ではないのです。

これまでは住民には充分に知らせることなく、事を運んできましたが、少なくとも私達住民は川辺川ダムに関しては、もう我慢してはいけないのです。

権力に負けてはいけないのです。

付記・国交省は住民の悲願、住民の要請でダムを造るというが、この場合の住民とは、少数派の限られた人（首長・議員）のことのようです。

## 「脱ダム」の選択と民意

田中康夫が脱ダム宣言した「日本の背骨に位置し、数多の水源を擁する長野県に於いては、出来得る限り、コンクリートのダムを造るべきではない」と県民に問いかけた。

しかし、長野県議会は反発した。議会の決めたことを覆すのは、議会制民主主義の否定だと強く反発した。

そして、いとも簡単に、知事不信任を決めた。自民党も公明党も、民主党さえも大きな壁になろうとした。それでも田中康夫は、県民に森なおし、水なおしを訴えた。多くの県会議員も市・町・村長も、連合長野さえも反田中で動いた。

それでも、田中康夫は、ダムに頼らない地域密着型の森なおしの公共事業への転換を訴えた。平成十四年九月一日、審判は下った。長野に夜明けが来た。

それは、日本の夜明けの始まりでもある。そして「脱ダム」が広く日本へ浸透した。今や「脱ダム」が常識になりつつある。

付記　平成十四年九月、定例人吉市議会での本村令斗議員の「長野県知事選挙の結果でも見られるように、『脱ダム』は全国に広がっているとの認識はないか」という一般質問に対して福永市長は、「ある新聞に大きくダムは争点にならずと書かれていて、的確な報道だったと思った。全国的に『脱ダム』が広がっているのかはわからないが、期待されたように広がっていない。川辺川ダム本体着工が出来るように全力を挙げていきたい」と答弁されています。

ダムが争点にならなかったのは、田中康夫氏以外の有力な対抗馬がこぞって「脱ダム」は常識であると認めたからに他なりません。

福永市長の見解は、人吉市民の一人としては、非常に嘆かわしいことです。人吉市民の民意をつかむ努力を怠っているように、私には思えてならない。

長野県の県会議員及び市・町・村長と県民の意識（民意）との間に、大きな乖離があったように、この人吉・球磨盆地でも全く同じ大きな乖離がみられます。郷土愛と民意をつかむ努力を忘れて、ただひたすらに川辺川ダム促進を国土交通省へ陳情するだけでは、多くの地元住民は悲しい限りです。

多くの地域住民は、大切な美しい故郷を犠牲にしてまでダム建設を地域振興の手立てにしてほしくないのです。今こそ、ダム建設以外の地域振興の手立てを考える時ではないでしょうか。

ダムのつけは将来、子孫の涙・尺鮎の涙になって現れるでしょう。

## 政治家よ

政治家よ
二%って何だかわかりますか
私はとても悲しい
二%は
政治家を「信用している」と答えた人の割合なのです
あまりにも少なすぎる
これで日本は大丈夫かなぁー
占いを三%は「信用している」と答えている
占いよりも、更に信頼されていないのだ
日本は悲しい国だ
政治家よ
今こそ衿を正す時だ
今こそ反省する時だ

付記　日本ペンクラブ会長・梅原猛氏は、平成十五年一月十一日の「いま『戦争と平和』を考える」講演の中で次のように述べておられます。

「『愛国心が足りないから教育基本法を変える』と政治家はいいます。でも、悪いことをしているのは政治家ですよ。政治家が悪事をし、国を悪くしているんですよ。これでは青少年に愛国心が育たない。いい政治をしたら、放っておいてもみんな国を愛するようになります」

参考までに、「朝日新聞」による平成十四年十二月の全国世論調査で「信用している」及び「ある程度信用している」の合計の、信用度の高い順は次の通りです。これは、次の八項目についての面接調査した結果です。（　）内は「信用している」と答えた人の割合です。

| | | |
|---|---|---|
| 1、天気予報 | 九二％ | |
| 2、新聞 | 八四％ | |
| 3、医者 | 八一％ | |
| 4、警察 | 六五％ | |
| 5、教師 | 五八％ | |
| 6、銀行 | 五一％ | |
| 7、占い | 二〇％ | （三％） |
| 8、政治家 | 一五％ | （二％） |

日本リテイル研究所による平成十五年の職業信頼度調査結果も参考にしてください。信頼度を「非常に高い」「高い」「普通」「低い」「非常に低い」に分けてアンケートをとった結果です。「非常に高い」及び「高い」を合計した信頼度順にランキングしている次の順位をみてください。国会議員がいかに信頼度が低いかがわかります。

国会議員の信頼度を低くしている責任の一端は私達国民にあるのも事実です。私達も国会議員も反省すべき時期なのです。

| | | |
|---|---|---|
| 1、 | 消防士 | 六七% |
| 2、 | 看護師 | 五〇% |
| 3、 | エンジニア | 五〇% |
| 4、 | 裁判官 | 四八% |
| 5、 | 薬剤師 | 四八% |
| 6、 | 弁護士 | 四三% |
| 7、 | 医師 | 四二% |
| 8、 | 保育士 | 四二% |
| 9、 | 介護福祉士 | 四二% |
| 10、 | 歯科医師 | 四一% |
| 11、 | 獣医 | 三九% |
| 21、 | 新聞記者 | 二三% |
| 22、 | 企業経営者 | 二一% |
| 23、 | 国家公務員 | 二一% |
| 24、 | 小・中・高校教師 | 二〇% |
| 25、 | 銀行員 | 二〇% |
| 26、 | コンピュータ産業経営 | 一九% |
| 27、 | テレビリポーター | 一八% |
| 28、 | 地方公務員 | 一八% |
| 29、 | 葬儀屋 | 一七% |
| 30、 | ジャーナリスト | 一六% |
| 31、 | リフォーム業者 | 一六% |

12、経理・会計士　三三％
13、自　衛　隊　三二％
14、自動車整備士　三一％
15、大学教授　二九％
16、警　察　官　二六％
17、カイロプラクター　二四％
18、知　　　事　二三％
19、老人ホーム経営者　二三％
20、僧侶・牧師　二三％

32、労働組合のリーダー　一六％
33、健康医療団体の管理者　一五％
34、参議院議員　一二％
35、衆議院議員　一二％

職業別信頼度ランキング

# 鉄のトライアングル

鉄は固くて強い象徴
トライアングルは三角形の事
官僚
政治家
建設会社
それぞれが三角形の一辺となる
官僚は天下り
政治家は献金を受け
建設会社は仕事を得る
これが既得権益の甘い汁
三角形の三つとも得をする
誰が損をするって
それは国民なのです

付記　私は官僚、政治家、建設会社がすべてトライアングルを造っているとは思っていません。元来、優秀な人、善良な人が多いのです。私のすばらしい友達に官僚、政治家、建設会社の社長がいるのも現実なのです。個々の問題ではなく社会システムに問題があるようです。

というのも、川辺川ダム周辺業者から自民党代議士への多額の政治献金の事実を知った時、川辺川ダムを考える討論会での国交省の官僚の姿勢や住民向けのダム説明資料の内容を見た時、人吉市での「川辺川ダムを考える住民討論会」で、建設会社が社命、日当付きで二〇〇〇名もの人数を集めて会場を占拠した時、福永市長の選挙事務所開きで熊本県建設業協会の会長と福永市長がそろってダム反対を訴える人吉市民をバイ菌呼ばわりした時、平成十五年七月十三日の「サンデー・プロジェクト」の特集番組「川辺川ダム・建設強行へ！　隠された真相」を見て、川辺川ダム関連事業でも、川辺川安全協力会（旧建設省ＯＢが天下りをして会長を務めている）を通じて、官製談合（平均落札率九七・九五パーセント）があることを知った時、ああ、やっぱり鉄のトライアングルはあるのだと感じざるを得ませんでした。

# 変な磁石が増えると国は破滅する

政治献金は磁石か
政治献金は、政治家の考え方を変える力がある
政治家の進む方向を変える力がある
いつのまにか、民衆の願う方向から
違う方向へ変えている
本当に恐ろしい磁石である
この磁石に負けない磁力が必要だ
それは、民衆の大きな声である
民衆の真の民主主義を願う強い意志である
いずれにしても、企業献金は
中止すべき時期にある
公共事業受注者の政治献金の正体は
税金である

付記　平成十四年七月二十五日の「熊本日日新聞」に、川辺川ダムの工事受注者が、熊本県選出の自民党の林田彪（たけし）代議士（旧建設省ＯＢ）に六七二六万円、松岡利勝代議士に三三八五万円、園田博之代議士に二二六九万円献金していたことが報道されていました。これらの政治献金も、ダム建設費用の一部、つまり税金との区別がつきません。

県民の意識と乖離して熊本県選出の自民党代議士が全員川辺川ダム促進を訴えるのも磁石の力なのでしょうか。政治献金が、ダム建設の大きな推進力（磁力）となっているのは事実のようです。

ダム推進を常々訴える福永浩介市長の平成十五年の市長選の事務所開きに、熊本県選出の四人もの自民党代議士が「代理とはいえ」出席していました。野党は企業献金について、国や自治体が発注する「公共事業受注者」からの献金を禁止する法案を国会に提出していますが、自民党はこれにどうして頑なに反対するのでしょうか。見返りを求める政治献金は腐敗のはじまりです。チーズや納豆に限らず、政治や教育においても目指すべきは発酵であり腐敗ではありません。公正な政治実現のためには、少なくとも公共事業受注企業からの献金は一切禁止することが基本だと思うのですが。

## 小さく生んで大きく育てる

川辺川ダム建設事業費は、昭和五十年時点の三五〇億円から、平成十年には、約八倍の二六〇〇億円まで膨らんでいる。小さく生んで大きく育てているのです。ダム効果は五十年間で、約四千億円と見込んでいる。うち、洪水調節による洪水被害減額を約三〇〇〇億円と見込んでいる。維持管理費（五十年間）を二〇〇億円と見積もっている。つまり、建設費を三八〇〇億円まで膨らましても、効果があると考えているようだ。本当にそうだろうか。森林乱伐期間を除いた過去五十年間から見たダムで防げる洪水被害額は、過大に見積もっても一〇〇億円以下である。なんと、三十倍もの過大評価なのです。

一方ダムによる損失は全く考慮されていないのです。

観光産業への損失、自然破壊の損失、漁業の損失、ダム決壊の潜在的コストなどは全く見積もられていないのです。本当に驚いてしまいます。川辺川ダムの計画は全く杜撰な計画と言っても過言ではありません。建設すること自体が目的となっているように思われます。

二六〇〇億円の何％が政治献金になるんでしょうか、とついつい疑ってみたくなるのは、私だけでしょうか。

付記　国の公共事業は民間の事業に比べて見積もりが甘く、受注業者の利益率が異常に高いと指摘されています。田中康夫県知事が脱ダム宣言した長野県営浅川ダム（長野市）について、第三者機関の県公共工事適正化委員会が「談合があった」との報告書をまとめました。そして長野県の公共事業の場合は、昔から県の役人が情報を提供したうえでの談合が公然と行われていたということが、平成十五年六月二十二日の「サンデー・プロジェクト」で報道されていました。そしてダム反対を訴えた業者が建設業界よりしめ出され、倒産に追い込まれていると窮状を訴えていました。このようなことが日本中で普通にあることならばとても恐ろしいことです。

熊本県でも、川辺川ダムに公然と反対する建設業者がいないことを考えると、もしかして……、という気がしないわけではありません。そして平成十五年七月十三日の「サンデー・プロジェクト」では、川辺川ダム関連事業でも、浅川ダムと同じように、官製談合があると報じていました。落札率はなんと九七・九五パーセントだそうです。適正な競争入札があるなら、これほど一〇〇パーセントに近い落札率になるはずがありません。税金の無駄使いが浮かび上がってきます。川辺川ダムの出産計画はもともと無駄な計画なのです。小さく生んで大きく育てる必要もないのです。川辺川ダムよ、安らかに天国へ行ってください。そして人吉市民の心のしがらみも亀裂も対立も天国へ一緒に連れて行ってください。

# これでいいのか日本

何かおかしいのではないか
何かが間違っているのではないか
このままでいいのか日本

美しい自然を壊すことに
何も感じなくなった指導者たち（官僚・議員・首長など）
本当の幸せは、お金では買えない
地元の人々の生命と財産を守るという大義のもとに
地元の自然をダムで壊そうとする
ダムに大義があるなら私達地元の者も涙をのもう
充分に検討するとダムに大義はない
地元の者たちに選択肢はないのか
何かおかしいのではないか

何かが間違っているのではないか

これでいいのか日本

付記　官僚も議員も首長も、いつも決まって「生命と財産を守る」ためにダムを造るというが、球磨川水系の洪水での死者を国交省は偽って報告し、扇大臣もその偽りの報告を信じています（一五〇頁参照）。川辺川利水訴訟で国の敗訴が確定する平成十五年五月三十日の二日前の二十八日に、扇千景大臣は「球磨川流域住民の命をだれが守るか。ダム計画は進める」と強調しつつも「住民討論集会の結論が出るまでは着工しない」とも繰り返し発言され、どちらが本心かわかりません。

# 何故かわかったような気がする

長崎県知事が民の声とは反対に
あれほどまでに
諫早湾をせき止めようとするのか

熊本県の自民党代議士が
県民の声に耳を貸さずに
あれほどまでに
川辺川ダムをつくろうとするのか

人吉市長が市民の心を無視して
あれほどまでに
川辺川ダム促進の陳情をするのか
ダムの賛否を問う住民投票に反対したのか

川辺川ダム周辺工事現場（撮影・江口司）

ダム反対の人吉市民をバイ菌呼ばわりするのか
わかったような気がする

そのキー・ワードは政治献金です

付記　長崎県の知事選での選挙資金として、県発注工事を請け負う建設会社に寄付を求めた違法献金で自民党長崎県連の浅田前幹事長が、平成十五年一月十六日逮捕されました。公共事業の仕事をやるから献金をよろしくという、自民党的な集金システムが無駄な公共事業の温床になっています。熊本県選出の自民党代議士も、川辺川ダム工事の受注者から多額の政治献金を受けています。福永人吉市長も受注者からの企業献金一四五〇万円を人吉市議会で追求されています。

# 時代は変わる

その昔、ロシアのスターリンは
川の水をそのまま海に流すのは
全くの浪費だと嘆いた
昔は、それが世界の常識として通った
ここ球磨川にも既に、三つのダムがある
昔の常識のように川の水の有効利用だ
二つは発電用
一つは、治水・利水・発電の多目的
更に四つ目の巨大ダムを造ろうとしている

四つ目のダムは、
四十年前は発電用として計画され
その後、治水も加わり

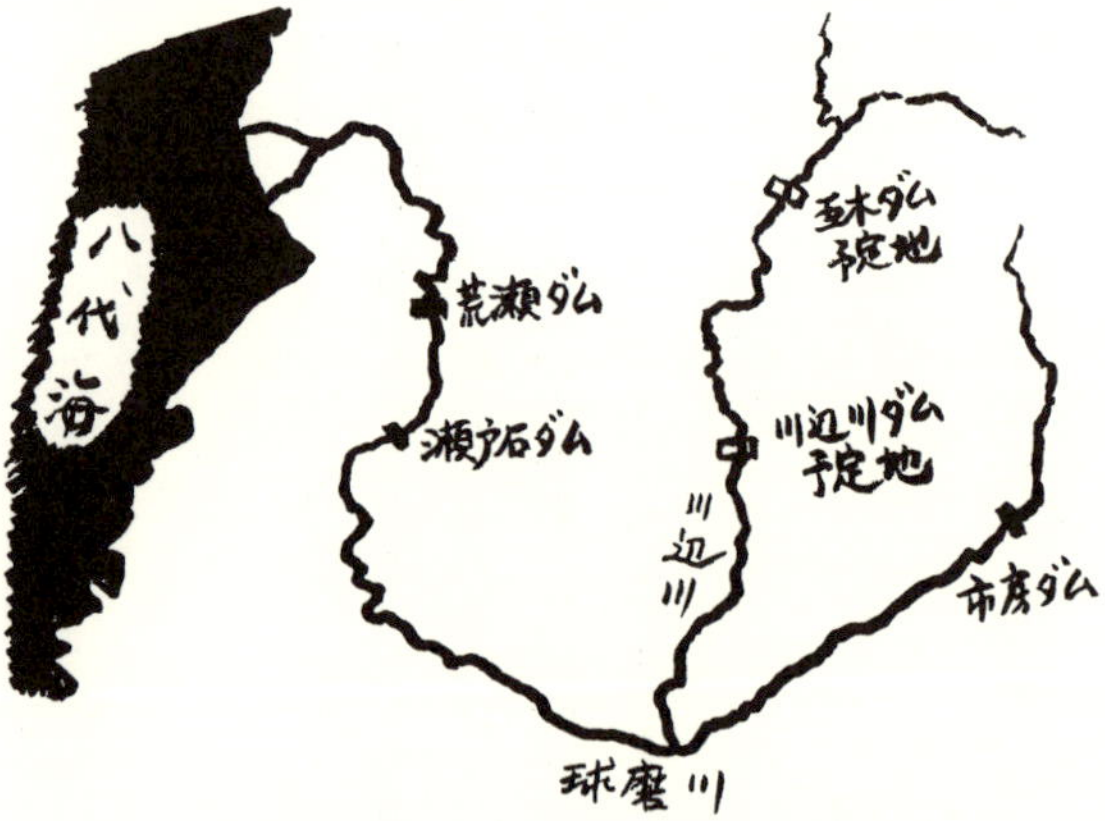

その後は治水・利水・発電の多目的となった

時代は変わった

球磨川の一つのダム（荒瀬ダム）は撤去が決まった
これは日本で初めてのことだそうだ
もう、ダムの時代ではない
治水目的のダムはもうアメリカ・ヨーロッパでは造らない
世界の常識は変わり
ダム撤去の時代になりつつある
ダムによる治水は時代遅れ
ダムによる負の効果は
想像を遙かに超えることが
今になってようやくわかってきた

時代は変わった
世界の常識も変わりつつある

## 価値観

美しい空気
清らかな水
安全な食べ物
これだけで充分だ
あり余る程はいらない
これに愛する家族がいれば
充分すぎる程幸せだ

ダイオキシンを含む空気
汚れた水
安全でないかもしれない食べ物
これらは日本で確かに増えている
新幹線・高速道路・原子力発電所・パソコン・携帯電話・電子レンジ

便利なものが溢れていても幸せは、必ずしもこない
インドの北にある仏教国ブータンを知っているだろうか
一人当たりのＧＮＰ（国民総生産）は日本よりずっとずっと少ない
しかし日本人より遙かに幸せらしい

新幹線も、高速道路も、原子力発電所もない
パソコンも、携帯電話も、電子レンジもない
お金も少ない

しかし
美しい空気はある
清らかな水もある
余る程ではないが安全な食べ物もある
そして
何よりも信じられるものがある
そして
幸せらしい

付記　価値観と言えば、歌手の加藤登紀子さんが「頑張り主義を捨てようよ」というタイトルで、平成十四年一月五日の「朝日新聞」に意見を載せています。とても共感を覚えます。私の病院の待合室に彼女の意見を一年間、掲げていました。参考まで彼女の意見を次に紹介します。味わってください。

**がんばり主義を捨てようよ**

「あんたなあ、水は動くから生きているんだよ。動かん水は死ぬ」

琵琶湖で今も漁師をしている男が言った。

「昔の琵琶湖は水量が季節で変化してたんやが、今は川に水門つけて調節してるんよ。それで湖の水が動かんようになったんや。死んだ水で魚が生きられるはずがないやろ！」

ヨシのはえていた内湖も干拓して田んぼに変えた。川にはすべてコンクリートをぶちこんだ。湖岸は埋め立てて遊歩道をつけた。結果は死んだ水!?

あーあ、何とまあ日本人は頑張ってきたもんだ。

人間も「動かん水」の中で今、死にそうじゃない？

窓のないビル、歩かなくてもいい動く歩道、退屈な密室の会議、自動センサーの水道やトイレ、会話のいらないパソコン……。体も心も動いてない今の日本人って、本当に生きてるの？

もともと世界に類を見ない自然に恵まれてきた日本。周りには美しい風景があり、きめ細かい知恵と習慣を持ち、何より自然の風物を愛してきた日本人。

この第一の価値を、無残にたたきのめした数十年間の「右肩上がり」の日本、大きな勘違い、してたね。かえすがえすも残念だ。

幸い「頑張って日本を変えよう」の第二の価値はつまづいた。私たちに至福をもたらすといわれたダムも、曲がりくねらない川も、埋め立てだらけの海岸も、がっくり来るような風景を増やしただけで、大きな負債と自然への多大な負荷を残したまま無用の長物になろうとしている。

犠牲になったのは、鳥や魚だけじゃないと、だれもが気づき始めた。今こそ変な頑張り主義を捨て、第一の価値を取り戻して出直すときだと思う。

（平成十四年一月五日「朝日新聞」より抜粋）

# 地球は泣いている

木々が切られ
酸性雨が降り
森は傷み
工業排水も生活排水も
河川を汚し
海を汚し
ゴミも廃棄物も農薬も
土壌を汚し
水を汚し
ゴミも廃棄物も焼かれ
ダイオキシンが生まれ
空気は汚れ
爆弾も核戦争もフロンも

地球を傷つけ
文明は便利を運んだが
地球は傷ついた
私達は知らず知らずに
地球を傷つけている
地球上の生物も
対数的にその数が減少している
つまり絶滅しているのだ
人間も住みにくいはずだ

もうそろそろ
私達は気づくときだ
地球は泣いている
地球は泣いているのだ
地球上の生物たちは泣いているのだ
そして最後は
私達が泣くということを

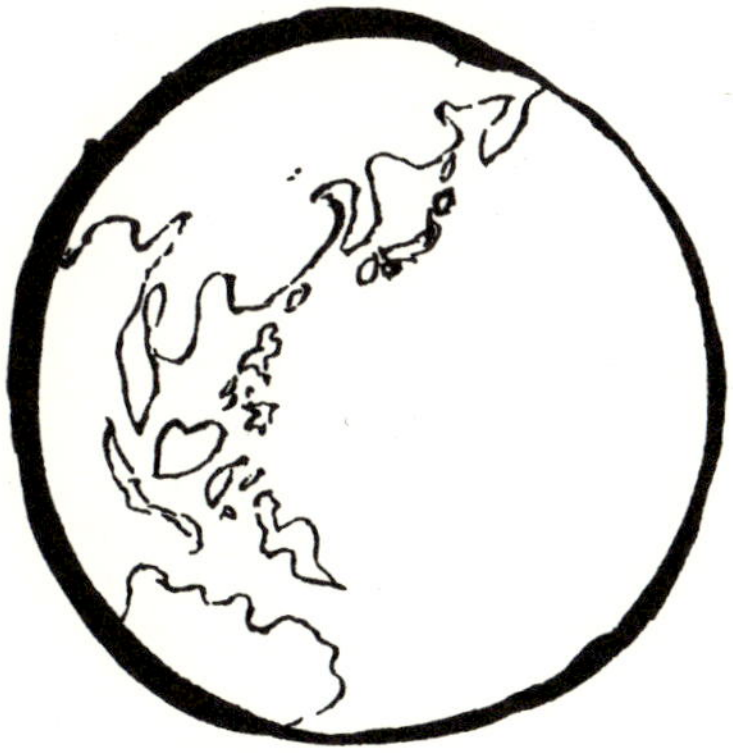

付記　あの鉄腕アトムで有名な手塚治虫氏は『21世紀の君たちへ……ガラスの地球を救え』（光文社）という本が未完のまま平成元年二月九日急逝されました。彼は二十一世紀を生きる私たちへ「地球は死にかかっている。美しく、かけがえのない地球を救え」というメッセージを残しているのです。

大宇宙の孤独に耐えて、ガラスのように壊れやすく、美しい地球が浮かんでいる。宇宙の果てしない闇の深さにくらべ、この水の惑星の何という美しさでしょう。それはもう、神秘そのものかもしれません。

ひとたび、そんな地球を宇宙から見ることが出来たら、とてもそのわずかな大切な空気、水、そして青い海を汚す気にはなれないはずです。

手塚治虫氏の『火の鳥』（未来編）では、地球は西暦三四〇〇年頃、死にかかっていると想定されていますが、三十五世紀どころではなく、二十一世紀さえ危機なのです。

彼の永遠のテーマは「生命の尊厳」で、シュバイツァの思想に繋がります。

肥薩線球磨川鉄橋下の水泳場（人吉市・昭和41年）。今では自然の河川で水泳をする光景は、川辺川や万江川など限られた場所でしか見られなくなったが、かつては球磨川も夏場となるとカッパ天国となっていた。写真の右手には人吉城跡がある。このあたりは貸しボート屋などもあって賑わった。
（写真提供・福井弘氏）

# 此岸の幸せの方程式

釈迦は、欲望には
二種類のものがあるという
一つは単純な欲望（カーマ）
もう一つは渇愛という名の欲望（トリシュナー）
カーマは充足されればおさまる
しかし
トリシュナーは、満たされれば
満たされるほど大きく膨らみ
いつまでも満たされることのない欲望なのです

この欲望（トリシュナー）があるうちは
人は幸せを感じることは永遠にないかもしれません
今を生きる私達は

トリシュナーを追い求めすぎてはいないでしょうか
そして
自分のみでなく
自然までも地球までも
ボロボロになるまで
酷使してないでしょうか

付記　幸せの方程式によれば、自然破壊の最たるダムはトリシュナーによる結果なのです。キリスト教でも仏教でも自然の摂理に逆らうのは悪いことです。何千年という時をかけて生命は環境に適合し、そこに生命と環境の均衡が出来てきた。私達は自然環境を壊してはいけないのだ。自然破壊は、多くの生命体の生存を脅かしているのだ。私達人間までも。二十一世紀は、このことを今一度立ち止まって考えてみようではありませんか。

## 私達の役割

自然を愛する人を増やそう
美しい川を愛する人を増やそう
虫たちを、魚たちを、鳥たちを
動物たちを愛する人を増やそう
シュバイツァ思想を尊ぶ人を増やそう
少年・少女の心を忘れない人を増やそう
そして日本を、地球を愛する人を増やそう

私はすべてのダムをノーといっているのではない
しかし少なくとも川辺川ダムはノーだ
治水も利水も全く大義がないからだ
お金のためにダムを造るなんて
一時的な経済効果のためにダムを造るなんて

何とも悲しいことではないか
ダムは美しい自然を根底から破壊してしまうのです
自然を愛する人が増えれば
空気も水も大地も川も海も
汚したくないと思う人がもっと増えれば
尺鮎はもちろんのこと
イツキメナシナミハグモさえも
絶滅してほしくないと思う人が増えれば
シュバイツア思想を尊ぶ人が増えれば
少年の感性を持った人が増えれば
田中康夫長野県知事や
潮谷義子熊本県知事のような
感性をもった知事がもっと増えれば
日本の政治ももっと良くなるだろう

シュバイツァ博士

川辺川へダイブする少年たち（撮影・江口司）

# 第3章
# 川辺川ダムの欺瞞

## 「確率」よりみた川辺川ダム計画の欺瞞

イチローのヒットを打つ確率は、新庄や松井より明らかに高い。しかし、ホームランを打つ確率は、新庄の方が高く、松井は更に高く、イチローが一番低いと昨年までのデータより推定出来ます。今年（平成十五年）より松井はヤンキースに入団し、大リーグへ挑戦します。松井の大リーグでのホームランを打つ確率はデータがないので何ともいえません。

私の住む人吉は、川辺川ダムの最大受益地といわれていますが、川辺川ダムがいかに無駄なダムかという点を「確率」より検証したいと思います。

八十年に一回の確率で発生する球磨川の最大洪水時の人吉地点での流量は、国土交通省によると七〇〇〇トン／秒だそうです。この七〇〇〇トンは、専門用語で「基本高水」（最大洪水ピーク流量）ともいい、川辺川ダム建設の基礎となる最も大切な数字の一つです。この場合の七〇〇〇トン／秒の算出の仕方は、八十年に一回の確率の最大二日雨量を統計的に求め、次に単位図法という流出モデルを使って、その雨量から洪水流量を計算した結果から求めたもので、「雨量確率法」といわれる古い手法です。昭和四十年七月三日の大洪水のデータより算出したものです。その後の三十六年間のデータは一切使われていません。今から三十六年前に得られ

| 評価時点 | 統計期間 | 1／80<br>雨量（2日間） | 1／80<br>基本高水 |
|---|---|---|---|
| 昭和40年 | 昭和2～<br>昭和40年 | 440ミリ | 7000トン／秒 |
| 平成9年 | 昭和2～<br>平成9年 | 495ミリ | 7900トン／秒 |

表1　1／80確率の最大総雨量（2日間）と基本高水

たデータで求めたものです。

「八十年に一回の確率の最大二日雨量」が変化すれば、七〇〇〇トンもかわるはずです。

国交省の「雨量確率法」によれば、平成九年時点での人吉地点の「基本高水」は、七九〇〇トンになります（表1）。驚いたことに七〇〇〇トンより、九〇〇トンも高い数値です。たった九〇〇トンと思われる人もいるかもしれませんが、九〇〇トンは、市房ダム二個分の調節量に匹敵する無視できない大きな水量なのです。「雨量確率法」が正しいと国交省が考えるならば、九〇〇トンを無視できないのです。そうすると、七九〇〇トンに見合った更に大きなダムに計画を変更する必要があることになりますが、国交省は、三十六年前より頑なに、七〇〇〇トンを主張しつづけています。このことは、裏を返せば「雨量確率法」の信頼性は低いことを意味し、七〇〇〇トンの根拠が科学的でないことに他なりません。

最近では、「雨量確率法」とは別の方法の「流量確率法」の方が、「基本高水」の設定には信憑性が高いこともわかってきました。国交省もそのことは充分にわかっていますが、こと川辺川ダムについては、洪水流量のデータが少ないとの理由（約五十年分のデータがあるので充分のはずですが）で、「流量確率法」を利用しようとしません。「流量確率法」で、「基本高水」の設定をしなおせば、ダム建設の大義が消滅するのを多分知っているからでしょうか。

そこで、過去の洪水流量のデータ（約五十年分）を確率処理して、八十年に一回の「基本高水」を「流量確率法」で求めると、確率分布モデルである「グンベル分布」を使っても、「対数正規分布」（石原・高瀬法）を使っても、どちらも六一〇〇トンになります。国交省の「平成十年度球磨川水系治水計画検討業務報告書」（これまで極秘文書でした）でさえも、「流量確率法」による検証を内密にしていますが、それによると、八十年に一回の確率の人吉地点の「基本高水」は、六〇六〇トンとなっています。流出計算を旧式の単位図法でなく、最近全国で採用され標準化している「貯留関数法」で、降雨を流量に変換し、流出計算をしなおすと、「基本高水」は、五四六〇トンになると国交省のその報告書に載っています。

七〇〇〇トンよりは、なんと約一五〇〇トンも小さい数値なのです。しかも、この五四六〇トンもまんざら突拍子もない数字ではないのです。なぜならば森林生長の効果を考慮して、タンクモデルから求めた「基本高水」を、経年的な低下曲線及び、「流量確率法」により算出すると、八十年に一回の確率の人吉地点の最「基本高水」は、五五〇〇トンになります。この数字は、国交省自身の報告した五四六〇トン（貯留関数法）と、非常に近い値になっていて、信憑性が高いと考えられます。基本高水が五五〇〇トン（市房ダムの四〇〇トンのカットを差し引くと、五一〇〇トンとなり、更に余裕がある）になると、川辺川ダムで流量を全くカットする必要もなく、人吉地点の河道をゆうゆうと流下できるのです。本当にダムは何のために造るのだろうかと疑問が湧いてきます。

「流量確率法」（流出計算は「貯留関数法」）による標準法で、三十六年前に国交省が決定した、七〇〇〇トンを評価しなおすと、三〇〇年に一回の確率でも起こり得ない、きわめて過大な「基本高水」となります。七九〇〇トンにいたっては、三五〇年に一回の確率でも起こりえない「基本高水」になります。

ところで、仮定の話ではなく昭和二十九年から平成十三年までの期間は、データが残っているので、過去の人吉地点の「基本高水」を検証してみると、昭和四十年七月三日の大洪水時の流量が「基本高水」になるようです。その大洪水時の氾濫による流量減と、市房ダムによる調節流量（国交省及び県の報告量）を河川に戻し、前期雨量による湿潤状態を仮定して計算した「基本高水」は六〇八〇トンになります。この数字は、市房ダムによる調節流量は国交省及び県の報告量によっていますが、市房ダムの異常な大放流があったという市民の実体験もあり、「基本高水」はこれより五〇〇トン程少ない五五〇〇トンが正しいとする専門家の意見もあります。国交省の内部文書に報告されている「流量確率法」による六〇六〇トンや、「貯留関数法」による五四六〇トンとそれぞれ、非常に近い数字になります。これも偶然の一致ではないと思われます。これらのデータを総合的に判断すると、森林の生長効果を考慮しない場合は、六一〇〇トンが八十年に一回の確率の人吉地点の「基本高水」としては、一番納得のいく数字と思われます。このようなデータより、国交省による川辺川ダムによる治水計画の最も基本中の基本となる「基本高水」七〇〇〇トンが、いかに信憑性を欠く高い数字であるかということが浮かび上がってきます。三十六年前より、始めからダムありきであり、「基本高水」なんかどうでもよい、できるだけ高い数字をもってきたかったとしか思われません。

川辺川ダムの欺瞞性は、「基本高水」だけではありません。川辺川ダムによって守られる流域住民の生命は、確率的にはゼロに近い数字なのです。昭和三十年以降の五十年間で、五四名が洪水で亡くなったと国交省は公表し、川辺川・球磨川は、日本でも有数の危険な川とし、「ダムで洪水による生命を救う」ことを、川辺川ダム建設の大きな目的としていました。

ところが、球磨川水系の増水による死者は一人のみで、残り五三名の死亡原因は、崖崩れや山津波などによるもので、川辺川ダムが仮にあっても救えなかった生命ということが、ようやく明らかになりました（一五〇頁参照）。この事実を永い間、国交省は偽って報告していました。

逆に、川辺川ダム放流によって、生命が奪われる確率の方が、救われる確率より、はるかに高いかもしれません。今から一八〇〇年前の『三国志』の中でさえも、泗水河と沂川河の二つの川に堰を造り、ダム放流を戦術として使い、不邳の呂布の城を濁流の渦の中に沈めた記述があります。とくに人吉のように、川辺川・球磨川の合流点に位置し、その二つの上流に大きなダムが建設されるということは、大きな危険を意味しているのです。三〇〇～三五〇年の大洪水によって生命が奪われる確率よりも、予期せぬ天災によるダムの決壊または、大放流によって生命が奪われる確率の方が、はるかに高いかもしれません。ダムの決壊やダムの大放流によって、洪水の被害が拡大した報告は世界で多々あります。ティートンダムやマルパッセダムやバイオントダムや早明浦ダムのように。川辺川ダムの設計図の堰堤中央部に毎秒五一六〇トンもの非常用放水門があるのも、五一六〇トンを放流する確率が少しでもあるからでしょう。恐ろしいことです。ダムによって生命を守るというのは、幻想というか、欺瞞そのものなのです。一方、川辺川ダムによって川の流量が減少する確率は一〇〇%、川の水が汚れる確率は一〇〇%、生物の種が減少する確率は一〇〇%、川辺川産の天然鮎の味が落ちる確率は一〇〇%、県民負担率が増加する確率は一〇〇%。どうみても、ダムでいいことはないことだけは、確率を計算するまでもなく、間違いないようです。

現在、建設中の九大付属病院の新病棟の総予算が五〇〇億円と聞いていますが、ダム関連事業を含めた川辺川ダムの総予算は、なんとその八倍にも達する四〇〇〇億円だそうです。このような無駄な公共事業をしていては、国の負債が減少しないのも当然かもしれません。本当に悲しいことです。川辺川ダムを安楽死させる運動をこれからもつづけていきます。

（平成十五年三月二十日、九州大学医学部同窓会誌「学士鍋」第一二六号より転載）

## 大雨が降らないかナァー

二日間で、四四〇ミリの
大雨が降らないかナァー
そのときの人吉地点での
球磨川のピーク流量を知りたいナァー
たぶん、ピーク流量は最大でも
毎秒五〇〇〇トン程度だろう
五〇〇〇トンでも堤防を越えることなく流れるだろう
洪水もおこらないだろう
私の予想です

付記　国は、人吉地点での現況河道流量は、最大毎秒約四〇〇〇トンと、頑なに主張しています。八十年に一回の最大洪水時のピーク流量は、毎秒七〇〇〇トンと三十七年前より頑なに言い続けています。

七〇〇〇トン引く四〇〇〇〇トン、その差三〇〇〇〇トンがどうしてもほしいのです。二六〇〇〇トンを川辺川ダムで、四〇〇〇トンを市房ダムで、合わせて三〇〇〇〇トンを二つのダムで洪水調節するというのです。三〇〇〇〇トンの差がないと、川辺川ダムの存在理由がなくなるからです。

私の計算でも、人吉の緒方紀郎さんや木本雅巳さん（以上「清流球磨川・川辺川を未来へ手渡す会」）の計算でも、八代の二見孝一さん（「美しい球磨川を守る市民の会」）の計算でも、東京の島津輝之先生（水源開発問題全国連絡会）の計算でも、京都の上野鉄男先生（国土問題研究会）の計算でも、横浜の遠藤保男先生（水源開発問題全国連絡会）の計算でも、やはり三〇〇〇〇トンよりは、はるかに小さい六〇〇〇トン程度なのです。たった六〇〇〇トンのために、八四〇〇〇万トンも貯留できる、巨大な川辺川ダムを造ろうとしているのです。何という税金の無駄使いなのでしょう。ここら辺に、赤字国債が増える理由があるような気がしてなりません。永い間に堆積した土砂をたった約三〇センチ浚渫、または堀削するだけで約四〇〇〇トン／秒多く流せるのです。安くて効果が確実で環境破壊も少ない方法をどうして採用しないのでしょうか。森林の整備をして充分な「緑のダム」の効果が発揮できるまでは時間がかかるので、まずは浚渫や堀削の早期実施を切に要望します。

## ご存じですか堤防余裕高――なぜ浚渫（堀削）しないのですか？

皆さんは余裕高を知っているでしょうか。堤防の上端（計画堤防高）と、H・W・L（計画高水位）との差をいいます。国交省は、余裕高一・五メートルが必要といっていますが、本当にそうでしょうか。

技術の進歩した現在では、堤防余裕高が一・五メートルも必要なのか専門家でも否定的な意見が常識になりつつあります。球磨川の人吉地点の場合、余裕高を七〇センチにするだけで一〇〇〇トン／秒も多く河道を流せることができるのです。木山の淵の水深からもわかるように、永い間に多量の土砂が堆積しています。これらを含めて計画通りの浚渫（堀削）をしてほしいと思います。

国交省の計画断面堀削（浚渫）（図1）で五三七〇トン／秒が堤防の上端から一・五メートルの余裕を残して流れます（図2）。六三五〇トン／秒では、堤防の上端から七〇センチの余裕を残して流れます（図3）。

掘削や浚渫は、洪水予防効果は確実で、費用も割安であるにもかかわらず、どういう理由かはわからないが国交省は積極的にしたがらないのです。大手ゼネコンの利益がないからという

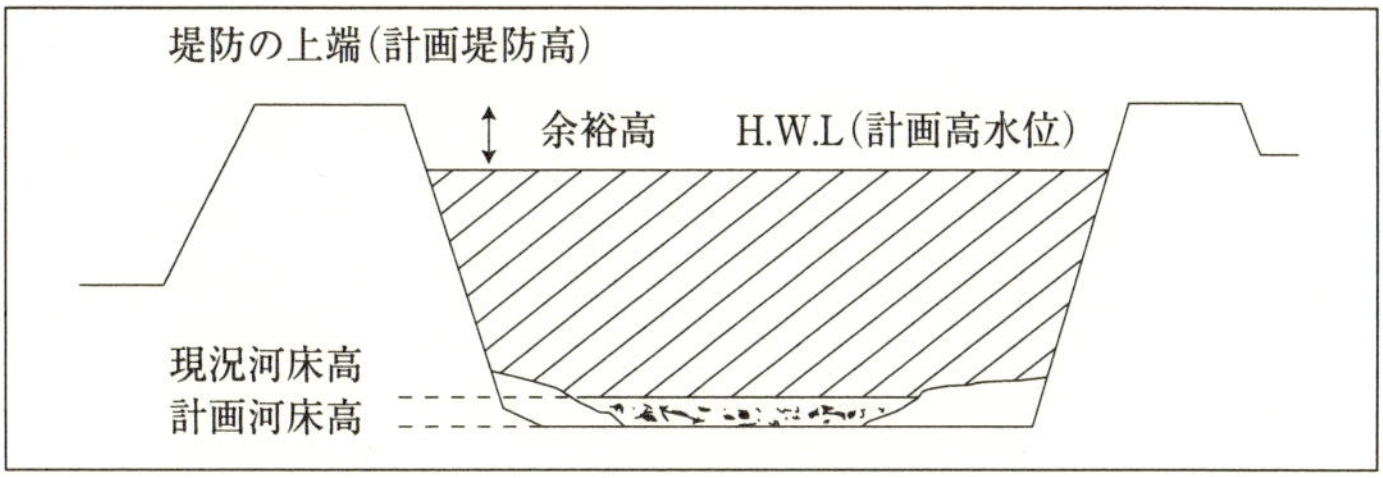


図1　計画断面堀削図

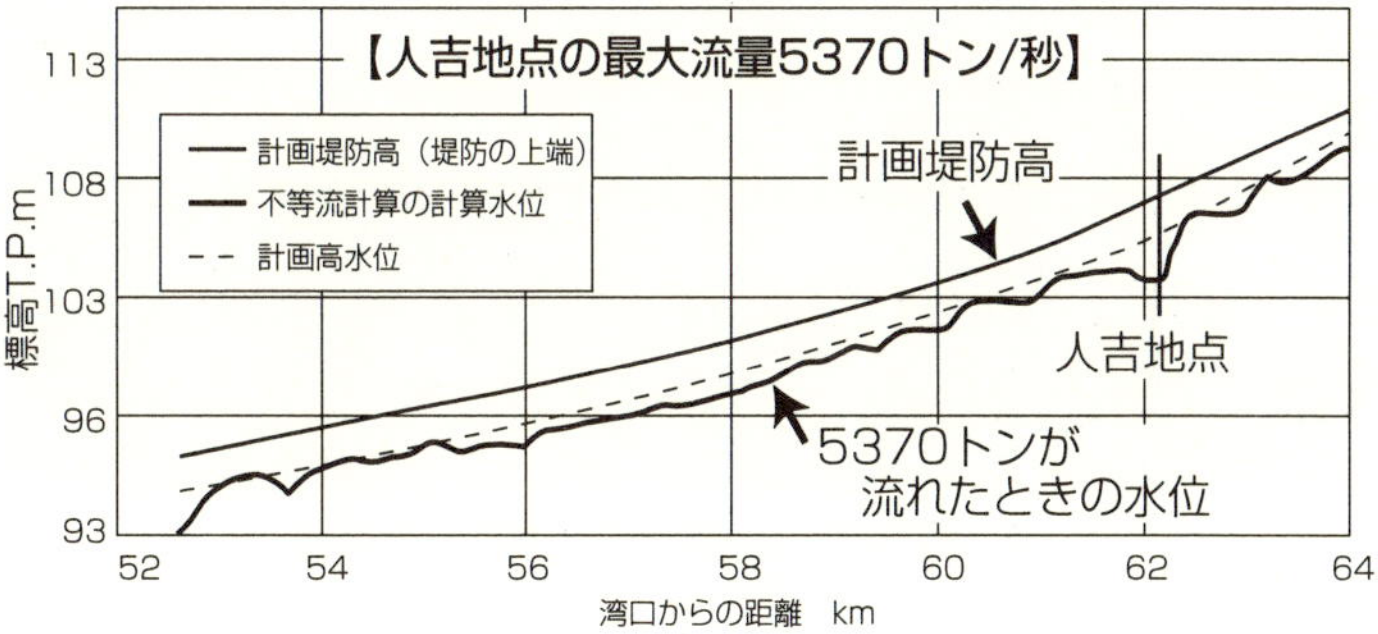


図2　1.5メートルの堤防余裕高

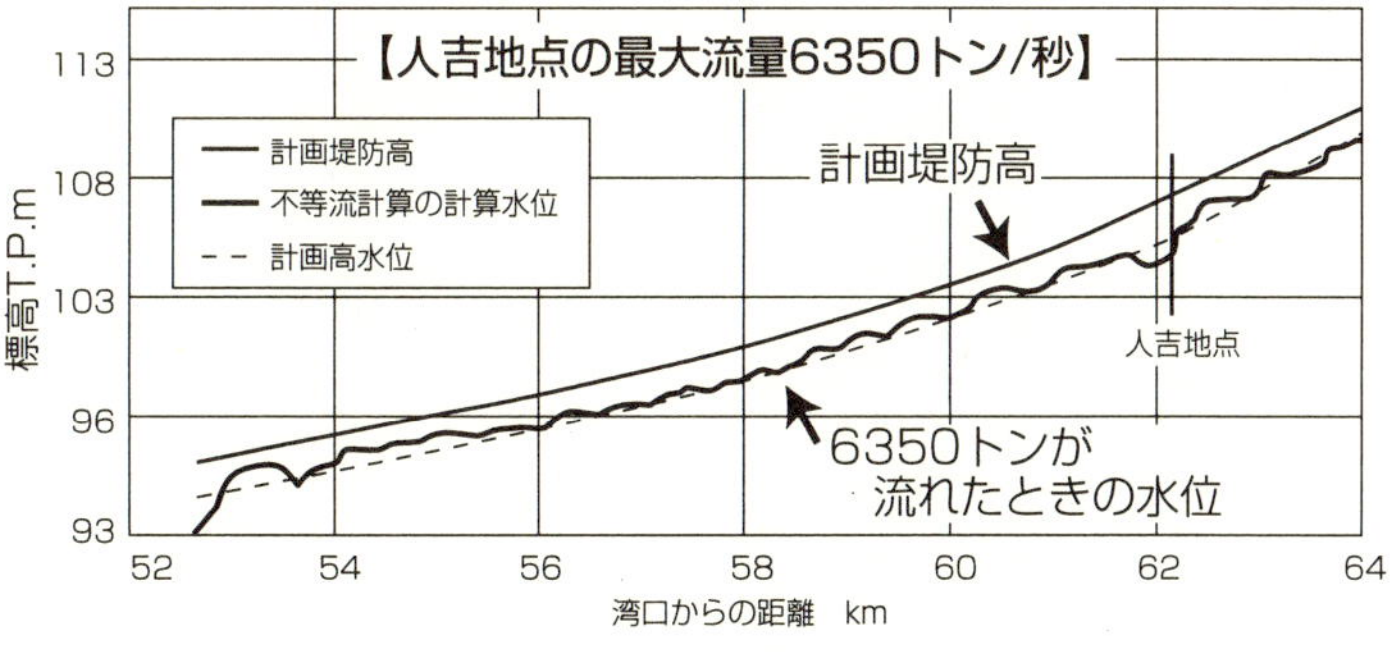


図3　0.7メートルの堤防余裕高

工事が進むダム予定地周辺（撮影・江口司）

穿った意見をいう人さえいます。

その一つの例として熊本市を流れる白川の九州地方整備局（国交省）の白川改修対策があげられます。

浚渫（堀削とはやや意味あいが違い、永い間に積もった堆積物をとり除くこと）での総工事費用は五〇億円以下で済むのに、白川の増幅計画では二千億円かかる。

更に、白川流域に住む人達は、洪水対策として白川の増幅でなく、白川の中央部を浚渫して、両岸に盛土している障害物の残土を全て河川敷地外に移すことを要望しているのです。

このことは、熊本市城東校区自治会連合会会長河野景近氏の書かれた『白川は天井川である』という小冊子にわかりやす説明されています。

地域住民の要望だからといいつつも、その実態は地域住民の視点を抜きにしています。「川辺川ダム」や「ＯＤＡダム」（六十五頁参照）の場合と全く同じです。

## 前例のない漁業権の強制収用

球磨川漁協はあっぱれだ
総代会でも総会でも
ダム本体工事（即ち漁業補償）を拒否した
そこで国交省は
消滅する共同漁業権の強制収用を県へ申請した
これは全国でも初めてである
強制収用して本体工事を強行しようというのである
強制収用
言葉からしても民主主義と対極にある野蛮な行為である
これが先進国といわれる国ですることなのだろうか
住民に選択肢を与えず、うむを言わさず強制収用するという
何という野蛮な行為だろう
あなたは認めますか　わたしは認めない

付記　国交省によると、ダムによる漁業権の消滅区間は、たった約一・七キロとなっています。本当にそうでしょうか。

ダムができて残りの約八五八キロ（支川を含む）では、これまで通りの鮎釣りができるのでしょうか。あの美味しい川辺川の尺鮎は育つのでしょうか。

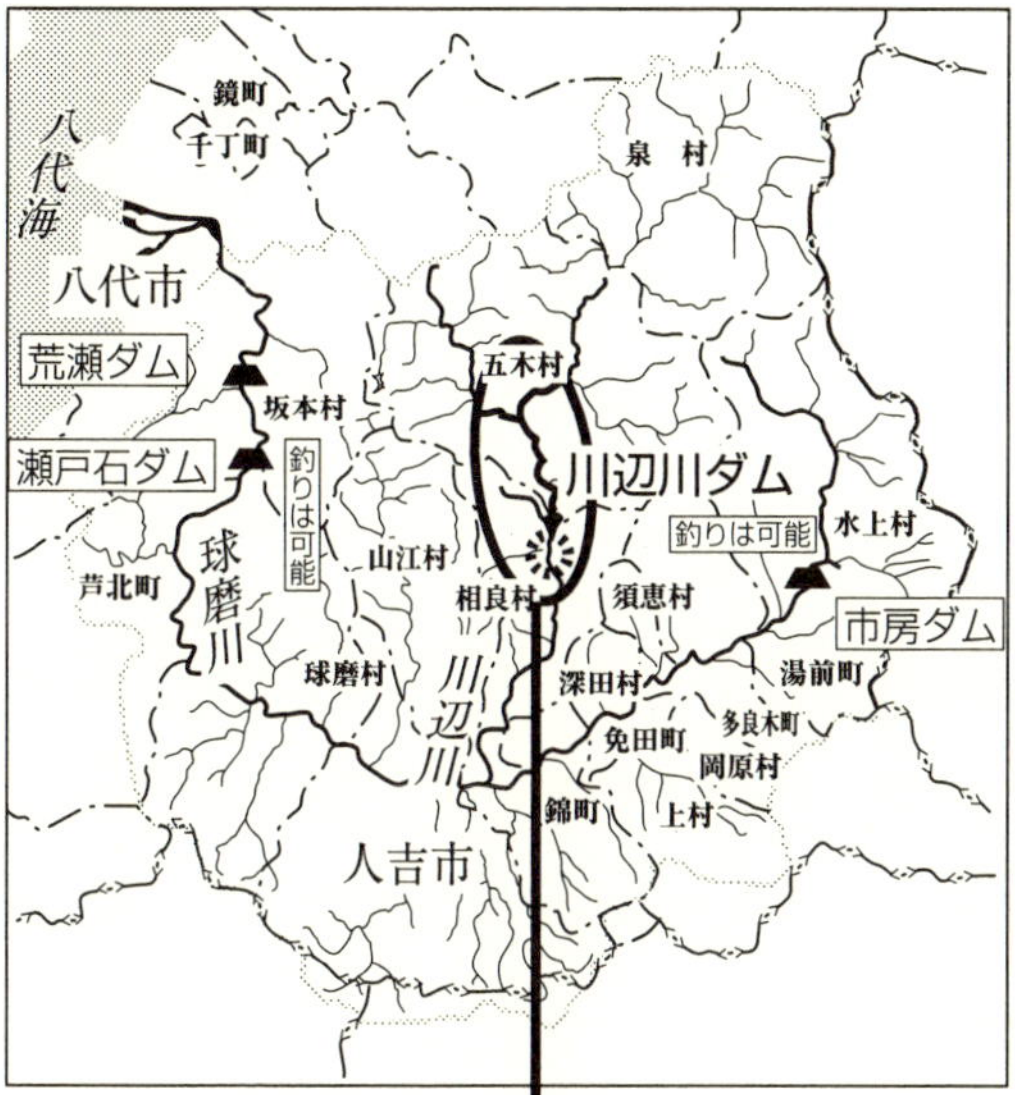


球磨川水流流域図

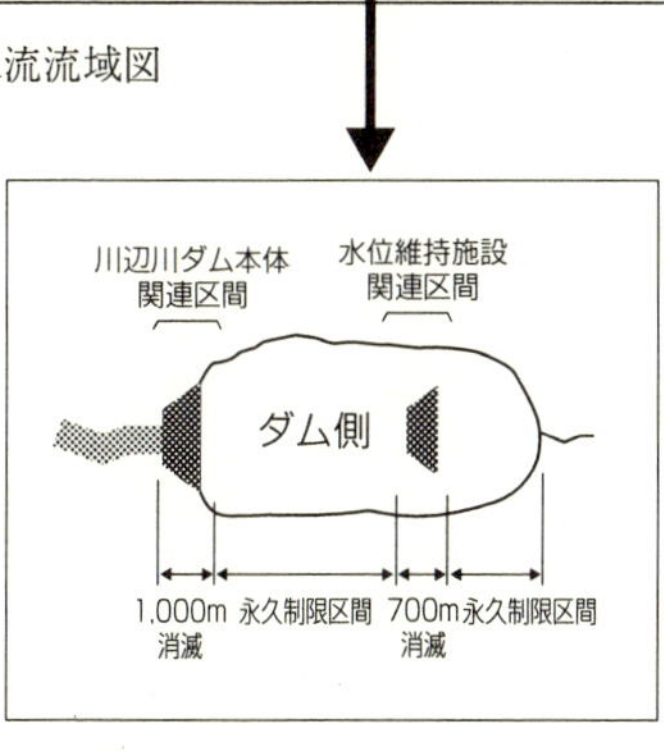


球磨川水系流域漁業権の削域区間。球磨川漁業組合の内水面漁業権の延長約860ｋｍ（支川を含む）。ダムによる漁業権の削減区間約1,7ｋｍ（具体的には釣りが出来なくなる区間）（国土交通省資料より）

## 知られていない土地の強制収用

漁業権の強制収用に比べて、土地の強制収用はあまり知られていないようです。

川辺川ダムの利水事業への農民の参加の署名・捺印に多くの不正があったと同じように、土地の強制収用に際しての同意に対しても、同様な不正が、「つんつん椿の会」（一一七頁参照）原豊典氏などの調査で明らかになりました。

地権者の一人、米田重信さんの土地の墓石も無断で運び出されています。

平成十五年五月十六日、福岡高裁は「同意書に本人が署名し押印したとは認めがたいものが含まれる」などと農水省側の不正な署名・捺印を指摘し、一審の熊本地裁判決を変更し、農家側（梅山究原告団長）の逆転勝訴の判決を言い渡しました。農業用排水事業及び区画整理事業については、同意率が三分の二（六六・七パーセント）に達していません（左表参照）。説明義務を充分に果たさず、死者までも署名・捺印をしてもらう実体は土地の強制収用の場合と同じようです。

福岡高裁での最大の争点は、同意書は適法に集められたのかという点でした。それを調べるために、のべ千人以上の市民が参加しました。私の妻・玲子も参加しました。平成十五年五月二十三日の相良体育館で行われた川辺川利水訴訟勝利判決報告大集会で、原告団長の梅山究氏は「裁判でやっと無駄なダムという〝いんがみ（悪霊）〟から解放された。国も早う、解いてやりたい」といわれました。板井優弁護団長は「住民の手で、住民の意思に反した国営事業にストップをかけた」と高らかに勝利宣言をしました。

川辺川利水訴訟（平成の百姓一揆）の勝利が、川辺川ダムの安楽死への引導となることを切に願っています。熊本県の収用委員会も、今回の農民側の勝訴をふまえて国交省の土地及び漁業権の収用申請を却下してほしいと思います。

福岡高裁が判決で示した川辺川ダムの利水事業の同意率

| | 控訴審（福岡高裁） | | | 一審（熊本地裁） |
|---|---|---|---|---|
| | 対象者 | 同意者 | 同意率 | 同意率 |
| 農業用排水 | 四一六一名 | 二七三二名 | 六五、六六% | 七五、一% |
| 区画整理 | 一六四〇名 | 一〇六三名 | 六四、八二% | 七八、二三% |
| 農地造成 | 一〇一四名 | 六九八名 | 六八、八四% | 八六、六九% |

（控訴審の対象者、同意者数の認定は一審と異なる）

# 郷土愛

美しい自然を壊す権利は、誰もない
清らかな川辺川の流れを止める権利は、誰もない
歴史ある五木の文化をダム湖に沈める権利は、誰もない
歴史あるつんつん椿の巨木を沈める権利は、誰もない
金川の米田さんの土地を強制収用する権利は、誰もない
漁業権を強制収用する権利は、誰もない
郷土を愛する人々よ、今こそ郷土を破壊せんとする
これらの野蛮行為に声を大にして反対しよう
それが今を生きる、今、ここに生きる
我々の責任である

郷土を愛する人々よ、今こそ立ち上がれ！
郷土を愛する人々よ、今こそ声を出せ！

付記　土地の強制収用に反対する目的で「つんつん椿の会」は結成されました。原豊典氏に依頼されて私が会長を務めています。

## 川辺川つんつん椿の会

川辺川のほとりに永い歴史を刻む立派なつんつん〝椿〟の巨木を見つけました（一七五頁写真参照）。ダムが出来てしまえばこの椿はダム湖に沈むことになります。川辺川ダムの強制収用予定地（金川地区）に米田重信さん（七十一歳）などの共有地があります。

米田さんの話によると土地を貸した覚えなどないのに、国土交通省は了解もなく勝手に木を切り倒し、無断で墓石を運び去り、つんつん椿の巨木も今にも切られそうになっています。

この巨木を切ったり沈めたりすると「祟（たた）り」があるそうです。つんつん椿の巨木とその下の墓地・墓石を保全して、五木村出身の米田さんの奥さんを始めとするつんつん椿と関わりのある人の魂が安らかに眠れるように（これらをダム湖に沈ませない）活動を行いたいと思い「川辺川つんつん椿の会」を結成しました。

## ライバルか矛盾か——多目的ダムは方便か

発電と灌漑（利水）ライバルである
ライバル（RIVAL）は
ラテン語の（RIVALIS）に由来し
同じ川の水を奪い合うことらしい
治水目的のダムは
発電・灌漑（利水）と大きな矛盾がある
治水はダムに水を溜めると
全く意味がなくなるのである
水を溜める必要の有る発電と灌漑（利水）と
治水は全く相容れないのである
つまり
多目的はダム建設の方便であり矛盾を補う為に巨大ダムとなる
多目的ダムは川辺川の場合まやかしなのである

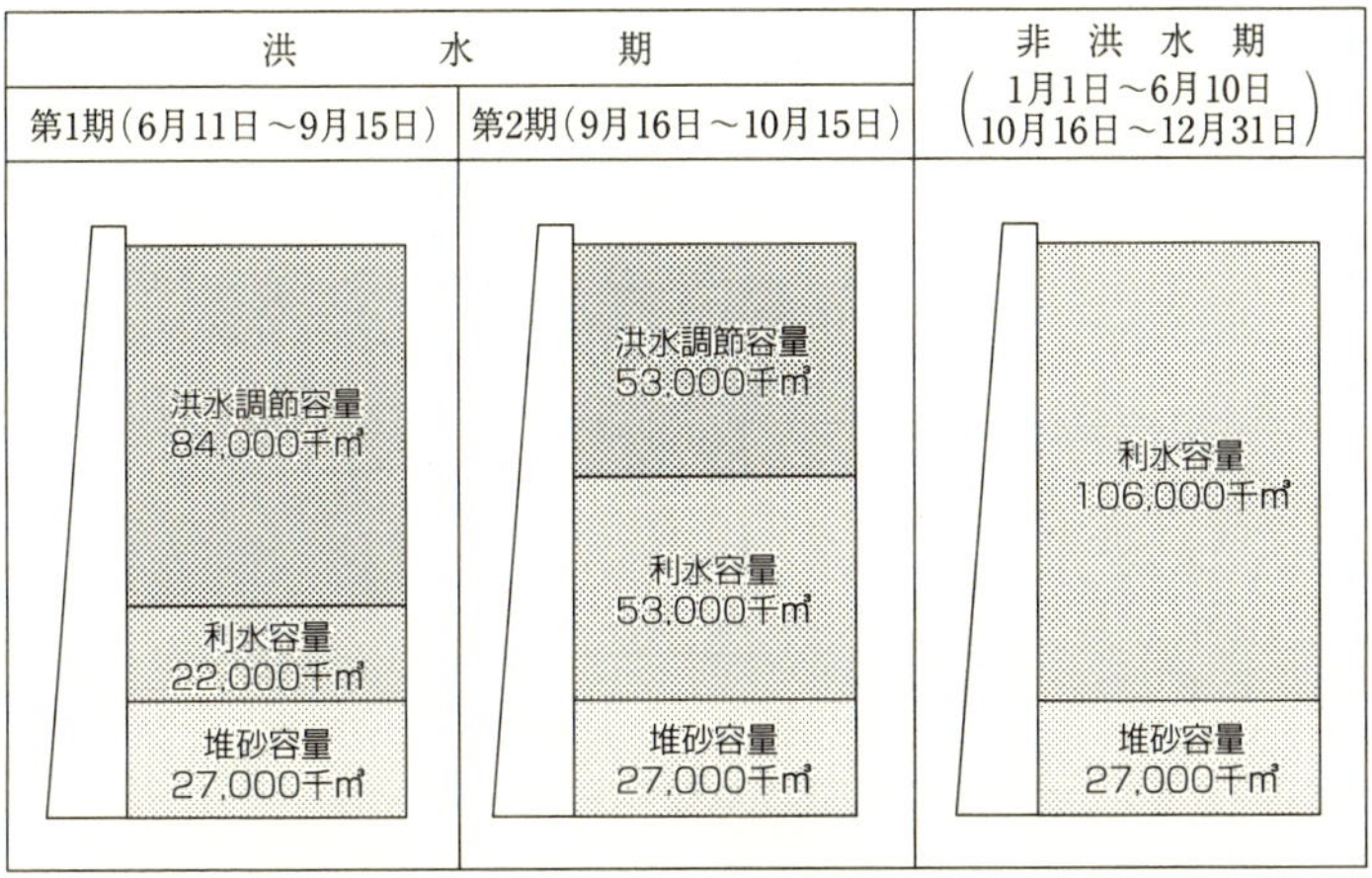


貯水池容量配分図（国土交通省川辺川工事事務所発行「川辺川事業について」より）。非洪水期に大雨が仮に降った時はどうなるのでしょうか？　本当に恐ろしいことです。実際平成９年の宮崎県の五ケ瀬川の洪水は、洪水調節容量の少ない第２期洪水期に発生しています。治水と利水とはライバルなのです。

付記　川辺川ダム建設の是非で揺れる最中の平成十五年六月六日、九州地方知事会議で、国への要望として「多目的ダム建設促進」の共同提案をしました。なぜ、この時期にこのような共同提案をしたのでしょうか。鉄のトライアングルの証明なのでしょうか。しかしながら、わが熊本県の潮谷義子知事は「（国敗訴が確定した川辺川利水訴訟の）判決が出たばかりなので降りさせていただきたい。川辺川ダムから水を引く利水事業が法的にクリアされていない。その状況で、水資源対策としての多目的ダム促進を国に要望することはできない」と述べられました。

潮谷知事は、熊本県民の民意を理解されているようです。

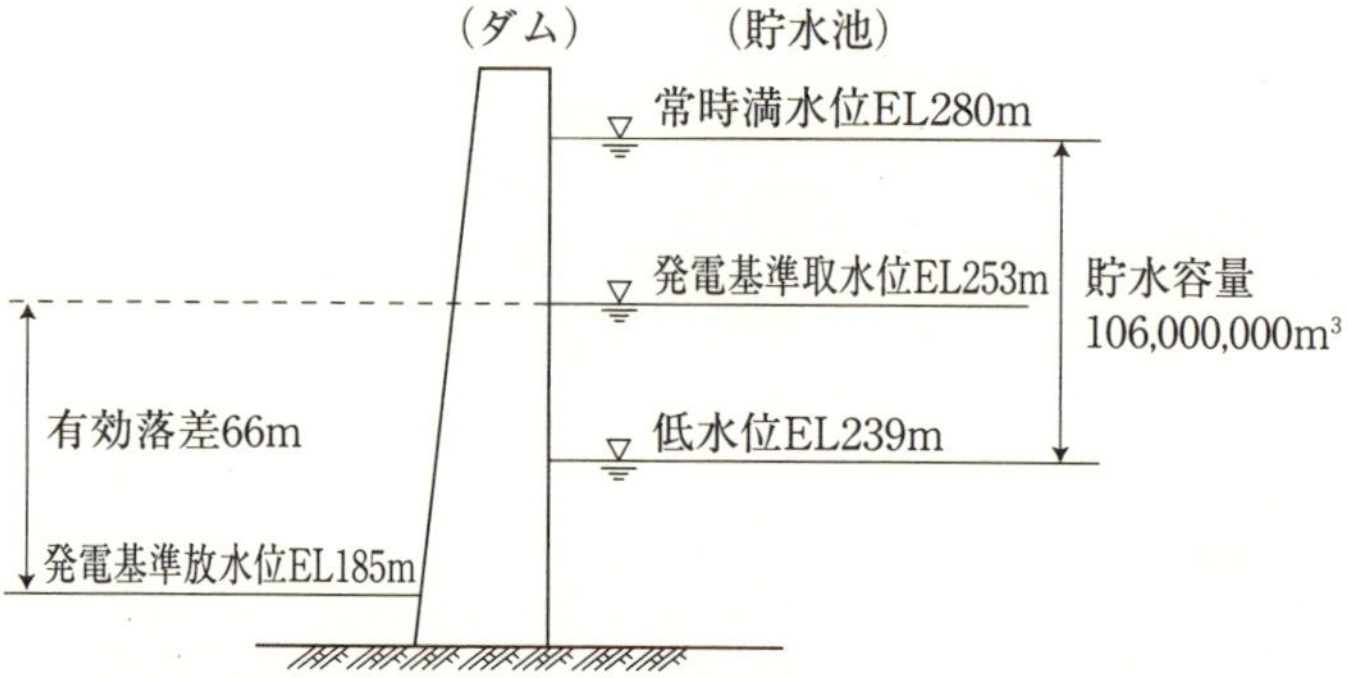


発電計画の概要（国交省資料より）。洪水調整分の水位としては27m（280－253m）しかないのである。治水と発電とはライバルである。

工事が進む五木村（撮影・江口司）

五木村を望む（撮影・江口司）

## 川辺川ダムに大義はあるのか?　——あなたはどちら?

ダムは水を減らす
はい
or
いいえ

ダムは川を汚す
はい
or
いいえ

ダムは時代遅れ
はい
or
いいえ

基本高水（人吉）
七〇〇〇トン
ｏｒ
六二〇〇トン

計画高水（人吉）
四〇〇〇トン
ｏｒ
五四〇〇トン

川辺川ダム
必要
ｏｒ
不要

付記　既に述べたように、基本高水とは八十年に一度の大洪水時の水量、計画高水とは、安全に流せる最大水量です。基本高水と計画高水の

川辺川の鮎（撮影・江口司）

差が大きい程、洪水の危険率が高くなります。ダムをどうしても造りたい国交省は、基本高水七〇〇〇トン、計画高水四〇〇〇トンを、昭和四十年以来主張しつづけています。昭和四十年以来ですよ。少し変ではないですか。

どうしても基本高水、計画高水の差三〇〇〇トンがほしいようです。しかし、待ってくださ

い。四〇〇〇トンしか人吉地点では安全に流せないと、頑なに主張しつづけていますが、昭和四十年以後、人吉市矢黒地区の川幅は、約二倍近くに拡張されるなど、(二一九頁写真参照)河川改修はつづけられ、最近では、五〇〇〇トンは楽々流せるのです。国交省の堀削(浚渫)計画を予定通りすれば、五四〇〇トンは安全に流れることも判明しています。

一方、基本高水七〇〇〇トンは、昭和四十年の水害のたった一回のデータより算出した数量です。その時の人吉地点の流量五〇〇〇トンが基礎になっています。簡便計算法約七〇〇〇＝五〇〇〇トン×(四四〇÷三六五)×一・一五(一五%の安全側)(四四〇は八十年に一回の降雨量(二日間)、三六五は、昭和四十年の降雨量(二日間))。この五〇〇〇トンには、市房ダム放流の水も多く含まれているでしょうし、五木村・泉村の山は、はげ山であった時の時代遅れのデータです。

最近の約八回の洪水のデータより算出すると、基本高水は六二〇〇トン、計画高水は五四〇〇トンとなり、その差は、八〇〇トン。そして市房ダムの調節量三〇〇トンを差し引くと、五〇〇トンです。

川辺川（左）と球磨川（右）の合流点（写真提供・上村光治氏）

たった五〇〇トンなのですよ。森林の育成（緑のダム）で五〇〇トンを十分カバーできるという専門家の意見があります（一六〇頁参照）。三〇〇〇トンを調節しようとする巨大な川辺川ダムは、全く時代錯誤なのです。

それどころか、もしダムが出来たら、自然はもとの美しさを失い、川辺川・球磨川は汚れ、我々の三代目・四代目の子孫は、どうしてダムを取り壊そうかと苦心し、そして嘆き悲しむことだろうと想像します。

我々の子孫のためにも、ダムは絶対に造ったらいけないのです。

上の写真をごらんください。ダムのない川辺川の水質は、市房ダムのある球磨川本流の水質とは明らかに違っています。ダムは、川を汚すのです。

## ダムは本当に安全か

アメリカのキャニオン・レイクダムも
ローレン・ランダムもケリー・バーンズダムも
ティートンダムもバファロー・クリークダムも決壊した
フランスのマルパッセダムも決壊して四二一人が死んだ
また、イタリアも日本もスペインもルーマニアも
アルゼンチンもインドもロシアも南アメリカも
フィリピンもチリも中国もインドネシアも
ブルガリアも韓国もアルジェニアも
ブラジルもコロンビアもチェコスロバキアもマレーシアも
ダム決壊で多くの人が死んだ

ここ四十三年間でダム決壊での洪水による死者は約二十五万人
ここ四十三年間で球磨川の洪水による死者は一人

ここ四十三年間で熊本県の交通事故死は六八四一名

付記　交通事故の死者は統計上、受傷後二十四時間以内のみ計上されます。この四十三年間の熊本県の交通事故の傷者は、約四九万人ですので、本当の死者は、さらに多くなります。交通事故が洪水よりも、いかに恐ろしいかを統計は示しています。そして、ダム決壊による被害も恐ろしいと統計は語っています。

　アメリカ合衆国のペンシルヴァニア州ダム安全局長は「原子力発電を除けば、ダムほど多数の人々を死亡させる、大きな可能性を秘めている人工構築物はない」と言っています。

　昭和四十年七月三日の人吉洪水のように、ダム放水は多くの国において、日本と同じように洪水の原因と認めていないので、正確な統計がありません。しかし、ダム決壊を防ぐための放流による被害は、多くの国において報告されています。

　以上は、菅直人民主党党首が川辺川ダム反対運動のために村上恵一市長候補の応援に駆けつけてくれた時の案内パンフの裏に書いたものです。このパンフは「人吉新聞」の折り込みチラシとして八〇〇〇枚を配布しました。

## ダム決壊率――ダムは本当に安全だろうか

市房ダムがあり、更に川辺川ダムも造られようとしています。その下流の合流点に住む私達、人吉市民にとってダム決壊率というのは、重大な関心事であります。ダム建設業界の指導的団体の「大規模ダムに関する国際委員会（ＩＣＯＬＤ）」による「ダム決壊率の報告書」（平成七年五月）によると、昭和二十五年以前に建設されたダムの決壊率は二・二％、昭和二十五年以降に建設されたダムの決壊率は〇・五％です。

ドイツのミュンヘン技術大学のブラインド教授の報告もそれと一致しています。約二万個のダムを持つ中国は、充分な資料がないため、それらの統計から除外されていますが、建設の技術的問題点があるのか、中国の決壊率は、四％にもなるとの報告があります。

ダム建設技術の非常に進歩した現在では、ダム決壊率は一万件に一件、すなわち〇・〇一％というのが世界の専門家の常識になっています。

日本のダムの決壊率はというと、日本のダム三〇三五個のうち、これまで一個が決壊しているので、〇・〇三％ということになります。この決壊率が小さいか大きいかは、個人個人受け止め方が違うと思います。

「川辺川ダム完成予想図」（国土交通省川辺川工事事務所発行「川辺川ダム」より）

最近のダムは、決壊を防ぐために、建設段階で放水門をとても大きくしています。放水門を大きくする程、決壊率が小さくなるというのも当然です。しかし、決壊を防ぐための大放流による被害が逆に大きくなるという報告が多くみられます。

上の図をごらんください。川辺川ダム完成予想図のダム中央の上部に四つの巨大放水門があります。ちなみに川辺川ダム放水門は、毎秒五一六〇トンという、とてつもなく大きいものです。決壊はないにしても、大放流があるかもしれません。私はとても心配です。

## ダム決壊の事実

八年前、南アフリカのバージニア第一五ダムは
決壊して三十九人が死んだ
八年前、ロシアのティルリヤンダムも
決壊して約三十人が死んだ
九年前、中国のゴーホーダムも
決壊して三四二人が死んだ
十一年前、ルーマニアのベルシダムも
決壊して四十八人も死んだ
十七年前、イタリアのスタバダムも
決壊して二六九人も死んだ
二十年前、スペインのトウスダムも
決壊して二十数人が死んだ
二十三年前、インドのマチュー第二ダムも

決壊して二千人以上が人死んだ
二十五年前、アメリカのローレン・ランダムも
決壊して三十九人が死んだ
二十五年前、アメリカのケリー・バーンズダムも
決壊して三十九人が死んだ
二十六年前、アメリカのティートンダムも
決壊した。十数人が死んだ
二十七年前、中国の枝橋ダム、石漫灘ダム等も
決壊してなんと、約二十三万人が死んだ
三十年前、アメリカのキャニオン・レイクダムも
決壊して二三七人が死んだ
三十年前、アメリカのバファロー・クリークダムも
決壊して一二五人が死んだ
三十二年前、アルゼンチンのフリアスダムも
決壊して四十数人が死んだ
三十五年前、インドネシアのセムボルダムも
決壊して約二百人が死んだ

三十六年前、ブルガリアのズゴリグラードダムも
決壊して九十数人が死んだ
三十九年前、コロンビアのケプラダ・ラ・チャバダムも
決壊して二五〇人が死んだ
二十九年前、イタリアのバイオントダムも
決壊して二六〇〇人が死んだ
四十一年前、マレーシアのクアラ・ルンプールダムも
決壊して六〇〇人が死んだ
四十一年前、韓国の孝木里ダムも
決壊して二五〇人が死んだ
四十二年前、ブラジルのオロスダムも
決壊して約千人が死んだ
四十三年前、フランスのマルパッセダムも
決壊して四二一人が死んだ
四十三年前、スペインのベガ・デ・テーラダムも
決壊して一四五人が死んだ

付記　国交省の「平成十一年度球磨川水系治水計画検討業務報告書」によると、八十年に一度の洪水で、約八四〇〇万トンの容量をもつ巨大な川辺川ダムでさえも、約三〇〇〇万トンの容量不足という事実が明らかにされています。

世界のダム決壊の原因の多くが、容量不足による越流が原因であるという報告を知ると、川辺川ダムも今後四十三年間で一名を救うかもしれませんが、その逆に、今後百年間に決壊して、または、決壊を防ぐために大放流をして、百名の命を奪うかもしれないのです。

私はダムを欲しくない。

昭和四十年七月三日の人吉大水害が、川辺川ダム建設の契機になっています。しかし、昭和四十年七月三日の人吉大水害の原因が、市房ダムの放流だと知っている多くの人吉市民は、誰も川辺川ダムを欲しくないのです。

## 三国志にみるダム放流の危険性

二尺、四尺、七尺と夜の明けるたび水嵩は増していた。城中いたるところ、浸々と濁流が渦巻いて、膨れあがった馬の屍や兵の死骸が、芥と共に浮いては流されていく。

（吉川英治作『三国志』講談社より）

『三国志』は、紀元二〇〇年頃の魏・呉・蜀、三国の争覇がますます熾烈になっていた時代の話。

魏の曹操の軍が下邳の呂布の城攻めに難渋した時、泗水河と沂水河の二つの河の上流に堰を造って水を一旦貯留してから、一気に放水して大洪水を起こして、二つの河の合流部にある呂布の城をつぶしたのです。

これはまさに、球磨川上流に市房ダム、川辺川上流に川辺川ダムを造り、同時に放水すれば、大洪水を起こすことができ、合流部の人吉は危険な位置にあることを意味しています。三国志の洪水攻めと状況は、全く同じなのです。

平成十三年、国際的な環境保護団体の、世界自然保護基金（ＷＷＦ）が「水害を防ぐことが目的に建設されるダムが、逆に洪水被害の悪化を招く恐れがある」と警告する報告書を発表しています。

ダム決壊を防ぐために、大量の放水を余儀なくされ大洪水を起こし、大被害を起こした例が、世界で数多く報告されているのです。昭和四十年の人吉の大洪水が、市房ダムの放水が原因であったように、高知県の早明浦ダムでも、鹿児島県の鶴田ダムでも、三年前のナイジェリアのダムでも、二年前のインドのダムでもそうでした。

川辺川ダムで人吉を含めた下流域の洪水を防ぐという国土交通省の大義は、破綻していると考えるのは、私だけではないようです。

ダムは、かけがえのない美しい郷土を、取り返しのつかない姿にするだけでなく、予期せぬ天災の時は水害を防ぐどころか、逆に大洪水の元凶となりうるのです。

国交省の皆様、地域住民の視点に立った河川行政を行ってください。美しい郷土は一体、誰のものなのでしょうか。

# 費用対効果からみた川辺川ダムの欺瞞

川辺川ダム費用二六〇〇億円は妥当か

費用は英語でコスト
コストを英語辞典で引くと
損失、犠牲も意味する
つまり
費用は損失も含むのだ
国交省算出二六〇〇億円は
建設費二四〇〇億円
維持管理費(注)二〇〇億円のみの合計（国交省）
損失が全く欠落している
環境破壊の損失
観光産業の損失

漁業の損失
文化財の水没による損失
ダム決壊の潜在的コスト
これらが全く欠如
なんという片手落ちか
これらを全て加算すると
約一兆円まで跳ね値上がる
これが真実の費用である
費用対効果は大きく一・〇を切る
注　維持管理費二〇〇億円（年四億円×五十年間）

例えば、観光産業の損失を計算してみよう。人吉を訪れる年間約七十万人が落とすお金は、年間七十～一二〇億。川辺川ダムによって観光客がどのくらい減少するのか、という試算は難しいのですが、アンケートによると、美しい自然に魅せられて来ている人が大多数ですので、わずか数パーセントの減少と仮定しても五十年間の損失は一〇〇億円を越えます。

環境破壊の著しいダムが本当に人吉市民のためになるのかどうかは、良識のある人にとって、その結論は明白です。

川辺川ダム効果（便益）四〇四〇億円は妥当か

国交省によると
洪水調節　三〇九〇億円
　人吉地区分　九三〇億円
中流地区分　四六〇億円
八代地区　一七〇〇億円
あまりに過大ではないか
水増しはないか
河川改修の進んだ現在
森林の成長した現在
八代にダムはいらない
人吉も五四〇〇トンは
溢れずに流れる
訂正すると
洪水調節　五〇〇億円

人吉地区分　一〇〇億
中流地区分　四〇〇億
八代地区　〇円

国交省によると
流水の正常な機能維持
九五〇億円
あまりに過大ではないか
水増しはないか
ダムの濁った水と
清らかな水と同じ価値か
九五〇億円は過大だ
〇億円でも高くいくらいだ
マイナスでもいい
訂正すると
三〇九〇億円は五〇〇億円
九五〇億円は〇億円

つまりダムの便益（国交省試算）四〇四〇億円は五〇〇億円
川辺川ダム効果は正当に評価すると
八分の一の五〇〇億円である

五〇〇億円の効果（便益）のために、一兆円の費用（損失を含む）のかかる川辺川ダムを造ろうとしているのだ。本当におかしなことである。私は、どうしても認めることができない。

付記　平成五年からアメリカ内務省開墾局総裁を勤め、アメリカのダム開発の終了を宣言したダニエル・ビアード氏は、朝日新聞社のインタビューに答えて、費用対効果の緻密な検証の必要性を以下のように言われています。

ダムの建設を取り止め、既成のダムを撤去してきたのは、河川政策の費用対効果からだ。利水や治水はダムなどのコンクリートの建造物に頼るよりも、節水や湿地の保全などのソフトな対策にシフトしたほうが、長い目で見れば安上がりと考えたからだ。農業用水が過剰だったという事情もある。

費用対効果は細かく検討する。農業への影響なら、作物の生産予測や消費市場との距離、輸送コストなどあらゆる角度の調査をした。

環境面にも経済的な価値があり、たとえばダムをやめることで、観光やカヌーなどが盛んになるような効用もある。そのことにも官僚や政治家も気づき始めた。

一方で、ダムを壊すのにもコストがかかる。自然な流れを復活させるためにダム湖から放流すると、冷たい水が魚類にも影響しかねず、積もった土砂が思うように流れないこともある。

日本でもダムとダム以外の選択肢を幅広く示し、費用対効果を検証することが米国同様に必要だろう。また公共事業の仕組みを地方分権化し、地元の意見を反映するよう改めれば、政策の優先順位がきちんと出てくるはずだ。

ダニエル・ビアード氏の発言は、驚くほど川辺川ダムの問題点と類似しています。農業用水が足りている点でも、観光や川下りやラフティングの効用の点でも。ダムを壊すことに関してもそうです。あの小さな荒瀬ダムでさえも撤去に苦労しているのですから。

## ダムによる環境破壊

河岸と水辺に生息する生物種の急速な消滅の
主な原因はダムという
九〇〇〇種の淡水魚の約一五〇種がダムにて消滅したという
世界の漁獲量は
ダムによって大打撃を受けているという
八代海もそうだという
チョウザメの漁獲量は
ダムが出来てから一〇〇分の一になったという
ヤツメウナギもそうである
ナイル川の河口のイワシの漁獲高は
ハイ・アスワンダムができて二〇分の一に減少したという
サケやアユ等の回遊魚も
ダムで致命的な打撃を受けたという

ニジマスもそうである
ダムの推砂は砂というよりはヘドロである
酸素欠乏状態である、そしてヒ素も多いという
生物が住めるはずがなかろう
ダム湖の奇形魚も多くなったという
ダムが出来ると海岸へ土砂が流れてこないので
海岸浸食が深刻になったという
ダムの放流をすると有明海に赤潮が発生するという
八代のアサリも激減したという
荒瀬ダムの放流後の泥（ヘドロ）で八代の干潟にメタンガスが発生するという
市房ダム、瀬戸石ダム、荒瀬ダムが出来て
あの豊かな球磨川がどのように変わったかを
身をもって体験している私達が確かに言えることは
大義のない川辺川ダムはいらないということだ

川辺川ダムに安楽死を
そして安らかに天国に行ってもらいましょう

## 川辺川ダム住民討論集会

平成十三年十二月十七日、潮谷義子熊本県知事は朝日新聞のインタビューで「今の動きを見ているると川辺川の流域の首長と住民の考えは確かにズレていると思う。国が本当にダムが必要ということであればもっと大義を示して頂きたい」と国に説明責任を求めています。

「川辺川ダム」を考える住民討論集会を開催することによって知事は、国の説明責任を求めたものと思います。私達夫婦は第一回から第七回まで毎回出席していますが、先進国といわれている日本の国交省の説明を聞いていると本当に悲しいというか、恥ずかしい気持ちになります。国交省の役人も同じ日本国民であるという誇りを失って欲しくないものです。

第一回から第五回までは治水についての討論でしたが、問題点（論点）が徐々にクローズ・アップされているようです。その論点を箇条書きで後述します。

第一回（平成十三年十二月九日）治水について

第二回（平成十四年二月二十四日）治水について

第三回（平成十四年六月二十三日）治水について
第四回（平成十四年九月十五日）治水について
第五回（平成十四年十二月二十一日）治水について
第六回（平成十五年二月十六日）環境について
第七回（平成十五年五月二十四日）環境について

第一回から第五回までの治水についての論点をまとめると次のようになります。あなたは、Ａ（国交省の意見）とＢ（ダム計画の異論者側の意見）のどちらを支持しますか。じっくりと読み比べてください。

## 「川辺川ダム」を考える住民討論会の治水の論点

Ａ＝国交省の意見
Ｂ＝ダム計画の異論者側の意見

（一）、基本高水流量（最大洪水ピーク流量）

人吉地点

A、毎秒七〇〇〇トン。
B、毎秒五五〇〇トン（理論値）、毎秒六三五〇トン（採用値）
（市房ダム調整効果二〇〇トン含む）。
八代地点
A、毎秒九〇〇〇トン。

（二）、現況河道流量
人吉地点
A、毎秒三九〇〇トン。
B、毎秒四七〇〇トン。
八代地点
A、毎秒六九〇〇トン。
B、毎秒九〇〇〇トン。

(三)、計画河道流量（計画高水）・計画断面掘削（浚渫）後の河道流量（左図参照）

人吉地点

A、毎秒四〇〇〇トン。

B、毎秒五四〇〇トン。

八代地点

A、毎秒七〇〇〇トン。

B、川底の深堀れの問題や堤防の断面不足の問題はいずれも河川改修の一環として行うべきであり川辺川ダム問題とは無関係。

(四)、洪水調節流量

人吉地点

A、ダムより毎秒三〇〇〇トンカット（川辺川ダム二六〇〇トン、市房ダム四〇〇トン）。

川辺川ダムにより水位を二・五メートル下げる。

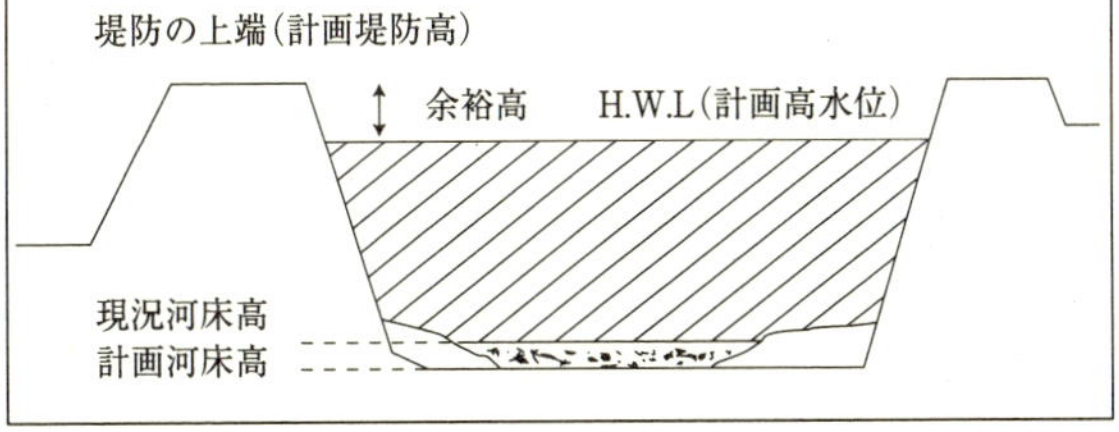


計画断面掘削図

B、五五〇〇トン（基本高水・理論値）－五四〇〇トン（計画河道流量）＝一〇〇トン（調節必要量）。

八代地点

A、ダムにより毎秒二〇〇〇トンをカット（川辺川ダム一六〇〇トン、市房ダム四〇〇トン）川辺川ダムにより水位を八〇センチ下げる。

B、ダムなしで流せる

（五）、森林の保水力

A、土壌への浸透力は、はげ山と比較して、少しでも木や草が生えているとぐっと上がる。浸透するかしないかというのは、森林の土壌の状況としては、こんな森林土壌でと思うような部分であっても実は浸透は結構する。

森林の保水能力は、雨量が二〇〇ミリぐらいで頭打ちになり、四〇〇ミリ以上の非常に大きな雨量の時には森林の保水能力だけでの洪水への対応は不可能。

大規模な洪水時には、洪水がピークに達する前に流域が流出に関して飽和に近い状態となるためピーク流量の低減効果は大きくは期待できない。

最終浸透能のデータについては、これまでの研究で既に大体わかっている状況であり、森林に過度の洪水調節機能を期待するのは危険（太田猛彦東京大学教授の説）。

B、森林の斜面を水が流れる場合、一、表層流、二、中間流、三、地下流の三つの流れがある。浸透能が高く、二、三まで雨水が浸透すれば、森林の保水能力は高い。ピーク流量は低減される。

広葉樹林と手入れの悪い人工林では浸透能に約二・五倍ほどの差がある。

浸透能が高ければ、四〇〇ミリ近い大雨が降った場合、仮に国交省が主張しているように森林の保水機能が頭打ちになるとしても、残りの二〇〇ミリの雨水について、徐々に河川に放出することとなり、例えばピーク流量を三〇〜四〇％削減できるなど、一定の洪水調節機能を発揮すると考えられる。

人工林を間伐など本来の手入れをすることで浸透能が改善され保水力増大が期待出来る。

国交省のもつ大量のデータを情報公開し、現地の状況について検証すべき（中根周歩広島大学教授の説）。（熊本県企画振興部による「川辺川ダム討論集会資料」より）

## 川辺川ダムで人命は守れるか

扇千景国土交通大臣は、国会答弁の中などで、球磨川水系での昭和三十八年から五十七年の大雨死者数五十四名を強調し、川辺川ダム建設の必要性を「生命と財産を守るため」と説いてきました。ところが重松隆敏氏をはじめとする「清流球磨川・川辺川を未来に手渡す会」（会長・緒方俊一郎氏）や「球磨川大水害体験者の会」（会長・堀尾芳人氏）などが遺族らを訪ねて証言を集め、事実を検証するという並々ならぬ努力によって、左図のように、河川の増水による死者は一名であり、残りの五十三名は、支流での崖崩れや山津波などで亡くなっていることが明らかになりました。更に驚いたことには、球磨川水系とは離れた氷川水系の崖崩れの死者まで含まれていたのです。

国交省は真実を偽ってダム建設の大義としていたのです。「生命と財産を守るため」の大義を言う時にいつでも引き合いに出されるのが、死者数です。熊本県議会でも、人吉市議会でも、市町村長会でもそうです。たとえば平成十三年の土屋歳明県会議員が、川辺川ダム促進の意見陳述（二一六頁参照）の時も、昭和三十年から昭和五十九年の三十年間に合計八十一名が球磨川の洪水で生命を亡くしたと言っています。

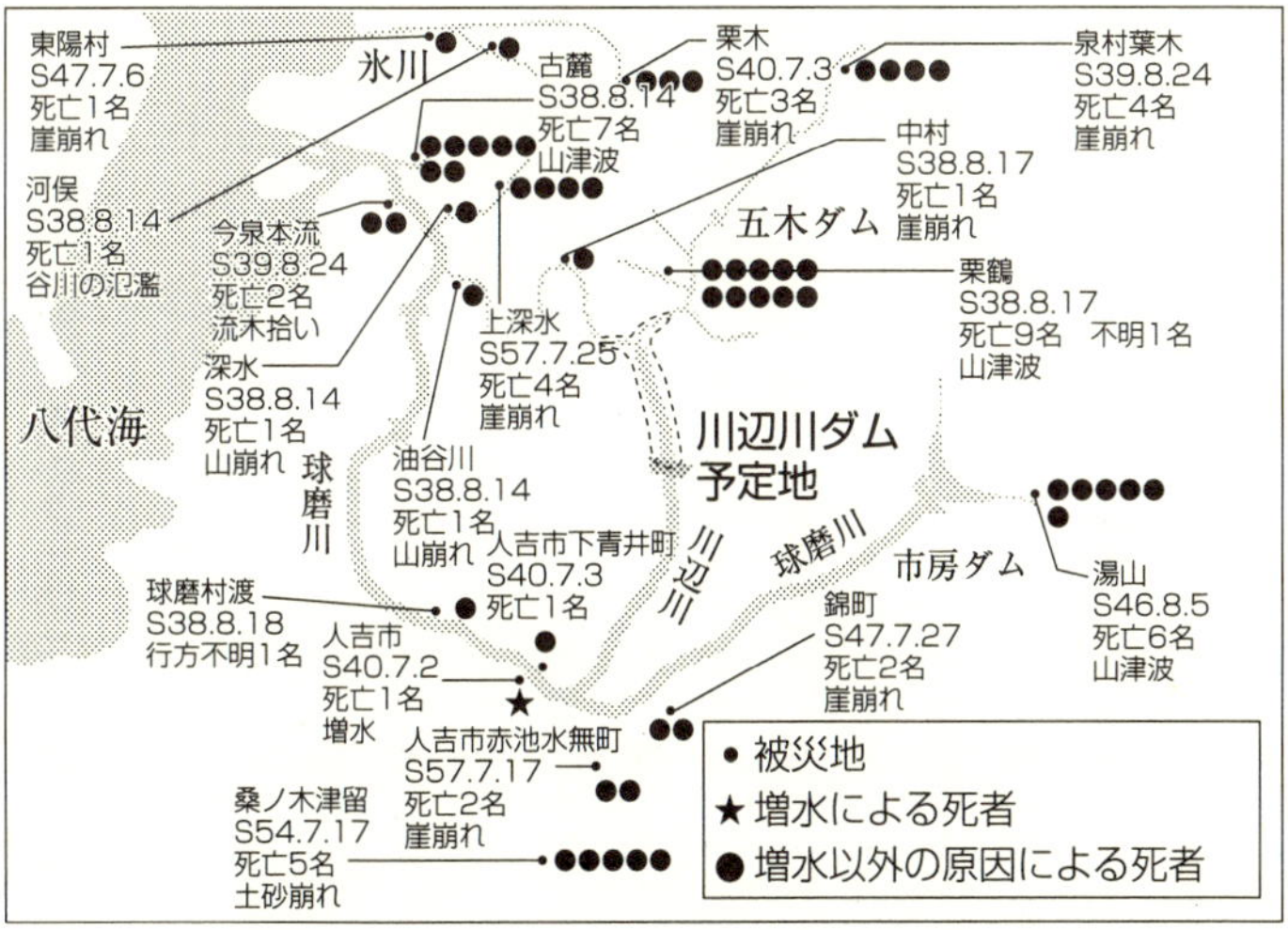


国土交通省が強制収用の根拠とした昭和38年以降の球磨川水系の水害による死亡災害状況（昭和38年～57年）

土屋議員と同じように、国交省も川辺川ダム建設の目的を、私達流域住民に説明する時、平成十三年まではこの死者数を強調されてきました。このことは相良村柳瀬の塾講師・佐藤亮一さんのビデオ作品「拝啓、扇千景様　国土交通省におくる」にわかりやすくまとめられています。

私の外山胃腸病院では、無料でこのビデオを貸し出ししています。興味のある人はぜひとも見てください。

## 予防原則に関するウィングスプレッド声明

皆さんは「ウィングスプレッド声明」（一五四頁に掲載）を読んだことがあるでしょうか。この声明は五年前の平成十年、ウィスコンシン州ラシーンのウィングスプレッド会議センターで起草されたものです。

私は二年前「川辺川ダム本体建設の賛否を問う住民投票」を求める署名運動をしていた最中、平成十三年四月十一日の「朝日新聞」の十九頁「科学を読む」で知りました。それは池内了名古屋大学教授（宇宙物理学）の書かれた「予見できなかったで済むか、求められる予防措置原則」でした。この中で池内教授は様々な問題点が指摘されているダム建設は、この原則に照らせば一切ストップしてしまうだろうと言い切っています。そして予防措置原則を二十一世紀の新しいリスク評価として少しずつでも広げていく努力を開始することが必要と結んでいました。

平成十三年、人吉市で開かれた国交省と住民との対話集会や、平成十五年二月十六日の第六回「川辺川ダム住民討論集会」でも「この声明に従えば、環境アセスメントは実施することが国交省の最低限の義務ではないでしょうか」と質問しました。国交省の役人や県の司会者の鎌倉孝幸氏もその声明は知りませんでした。国交省も予防原則に関するウィングスプレッド声明の内容を尊重して環境アセスメントを実施して欲しいと切に希望します。

## ウィングスプレッド声明を巡って

熊本県企画振興部　鎌倉孝幸様

前略

二月十六日の県庁での「川辺川ダム住民討論会」にて国土交通省に質問した岐部です。司会の鎌倉氏より「ウィングスプレッドの国際会議」の提言（声明）を郵送して欲しいとの要望がございましたので、お送り致します。

充分に、その声明の主旨を理解して頂ければ幸いです。鎌倉氏もおっしゃられてましたように、熊本県の水俣病においても疑わしい時点で科学的に因果関係が立証されなくても予防原則に従って予防対策がとられていれば、被害の拡大を未然に防げたものと思われます。

この声明に従えば「環境アセスメント」を実施することが国交省の最低限の義務だと思います。環境アセスメント実施の要望に対して、アセスメント反対の理由として実施すればあと二〜三年はかかるので五木村の再建計画に支障が出ると答弁されましたが、ダムは百年はそのままあるわけでしょうから、二〜三年かけて将来に禍根を残さないためにも、充分に流域住民の納得のいく環境アセスメントをして欲しいと思います。

ウィングスプレッド声明でも情報公開、プロセスの民主的な開放的な進行を謳っています。

国交省の「シミュレーションに従えば水質はほとんど問題なく、ダムができる前と変わりがない」ということですが、それは本当なのでしょうか？　それは科学的に立証されているのでしょうか？　環境に危害を及ぼす恐れがあるのならば、その因果関係が充分に科学的に立証されなくとも、予防的対策がとられるべきだと、ウィングスプレッド国際会議では提言しています。更にその立証責任はダムを建設する側に有ると明言されています。

人吉に毎年訪れる人へのアンケートでは、そのほとんどが美しい自然に魅せられていると言っています。その観光客が人吉に落とすお金は、年間約七〇～七五億円と推定されています。五十年間では三五〇〇億円にもなります。人吉市民の多くが、観光産業を人吉の中心にしたいと考えている時、ダムがどんな環境破壊を起こすかどうかは大変な関心事です。

潮谷熊本県知事、司会者の鎌倉氏はじめ多くの県関係者の方々の「川辺川ダム住民討論集会」を含めた民主的に住民の意見を聞こうという姿勢には、とても感謝しております。討論を通して多くの問題点が明らかになっていくように感じられます。今後ともパートナーシップの精神で宜しくお願い致します。

潮谷知事におかれましては呉々もご健康に気をつけられてください。

敬具

岐部明廣

平成十五年二月十九日

岐部明廣様

熊本県企画振興部総括審議員　鎌倉孝幸

早春の候、益々ご清栄のこととお慶び申し上げます。

岐部様におかれましては、先月、県庁にて開催した「環境」テーマの討論集会の一般質問の中で触れられた、「ウィングスプレッドの国際会議」の提言を当方の要請によりご送付されましてありがとうございました。

岐部様のご主張は、人間の活動が環境或いは人の健康に危害を及ぼす恐れがあるなら、その因果関係が十分科学的に立証されなくても「予防原則」に従って、予防的対策が取られるべきであり、また、その立証責任は活動を推進する側にあるということだと理解しております。

県としては、「環境立県くまもと」を目指す上でも、川辺川、球磨川の環境保全は大変重要な課題であると認識しており、水俣病の貴重な経験を活かしながら、川辺川ダムによる環境影響が、ダム反対される方々が主張されるように環境の悪化を招くのか、それとも、国交省が主張されるようにダム建設により環境に全く影響がないとは言わないが、選択取水設備や清水バイパスなどを運用することにより致命的な影響はないのかについて、県民に分かりやすく、十分掘り下げた議論を行うべきと考えております。

今後、第六回討論集会で議論した水質、流量、魚族への環境影響の観点に加え、五月に予定されている第七回討論集会では、八代海や希少生物への影響などについて議論し、引き続き議論を尽くすよう総合調整の役割を担って参りたいと考えております。

平成十五年三月十四日

**予防原則に関するウィングスプレッド声明**

有毒物質の放出と使用、資源の開発、環境の物理的改造は、人の健康と環境に大きな意図されなかった結果をもたらしてきました。

このような心配される事柄には、高率で生ずる学習能力の低下、ぜんそく、ガン、先天性欠損、種の絶滅のほか、地球規模での気候変動、成層圏のオゾンの枯渇、有害物質と核物質による全世界的汚染が挙げられます。

現在行われている、とり分けリスク評価にもとづいて行われている環境規制その他の決定は、人の健康と環境だけでなく、人もその一部に過ぎないもっと大きな系を十分に守ることに失敗しています。

人と世界の環境に対する損害は大きくまた深刻であり、人間活動のための新しい原則を必要とするまでになっているとの有力な証拠がある、とわれわれは考えます。

人の活動は危険を内包することを知る一方、われわれはその活動に近年そうであったよりもいっそう注意深くなければなりません。

企業、政府機関、団体、コミュニティ、科学者、その他個人たちは、すべての人間の営みについて予防的アプローチを採用せねばなりません。

従って、この「予防原則」を導入する必要があるのです。これは、或る活動が環境或いは人の健康に危害を及ぼす恐れがあるなら、その因果関係が十分科学的に立証されていなくとも、予防的対策がとられるべきだ、という原則です。

この文脈では、何らかの活動を推進する人の方が——一般の人々ではなく——立証責任を負います。予防原則を適用するプロセスは、開放的でなければならず、情報が提供され、民主的でなければならず、また影響を被る可能性のある当事者たちも関与せねばなりません。またその活動を放棄することも含め、幅広く代替案の検討が行われねばなりません。

（http://members.jcom.home.ne.jp/harahara/「はたんきょう」より転載）

## シミュレーション

われわれのシミュレーションによれば
ほとんど影響がない

われわれのシミュレーションによれば
その影響はわずかである

つまり川辺川ダムによって
水質も
水量も
八代海も
鮎も
ほとんど影響がないという
シミュレーションとはなんですか

川辺川で舟から鮎や鮒を釣る（撮影・江口司）

どんな方法でされたのでしょう
選択取水設備、清水バイパスを作って
水質に影響がないという
本当でしょうか
ダム湖のヘドロは一体どこに消えるのでしょうか

付記　球磨川が注ぐ八代海の環境悪化の要因を調査するため国交省が設けた「八代海域調査委員会」が、平成十五年一月二十日環境対策の提言書を発表した。その中で川辺川ダムの影響については、「水質、水量の変化を踏まえた数値シミュレーションで予測した結果水質面での影響は無視し得る程度」とわずか四行しか触れらておらず、ダム建設が議論の中心になると期待した漁民などの多くの人々は肩すかしを食った形となった。川辺川ダム住民討論集会でもこのシミュレーションの信憑性が問題視されています。シミュレーションが間違っていた時、その責任は誰がとるのでしょうか。

## 森林の治水機能「緑のダム」の実証

中根周歩広島大学教授は東広島市で、四十年生の広葉樹林とこの伐採跡地（伐採後七年・檜植栽四年）における雨水の土壌浸透能の比較をされています。伐採跡地では、四十年生広葉樹林に比べて土壌浸透能は四分の一以下に低下します。

中根教授によれば、森林を伐採すると、土壌の表面の落葉や腐植が減少し、土壌が硬くなり、雨水の土壌浸透能が低下するとのことです。浸透能は伐採後十年前後で最小になり、その後回復すると考えられています。

このことは川辺川上流域の大伐採後の十年前後の昭和三十八年～四十年に川辺川・球磨川流域の洪水が頻発した事実と一致します。更に中根教授は水源開発問題全国連絡会の嶋津暉之氏の協力を得て、森林の治水機能「緑のダム」の実証を降雨量、実測流量及びタンクモデル（次頁参照）を使って、川辺川流域でもなされています。平成十五年三月十九日、人吉市のカルチャーパレスにおいて一般市民を対象にその研究成果を発表されました。私も興味深く拝聴しました。とても説得力のある内容でした。

中根教授は、「山の雨水流出は急斜面になると表層流が多くなるが、同じ斜面でも伐採跡地では浸透力が四分の一に下がってしまう。森林の浸透能力の違いが、川のピーク流量に影響する（左図参照）と前置きをし、研究概要を解説しました。

それによると球磨上流域の森林を一九五十年代、六十年代、七十年代、九十年代の四期に区分し、洪水時に流域から雨水が流出するパターンモデル（タンクモデル）をつくり、八十年に一度の洪水と一九四五（昭和二十九）年から一九九七（平成九）年に発生した洪水時の降水パターンを当てはめ予測されました。

**森林斜面における浸透能と河川流出のパターン**

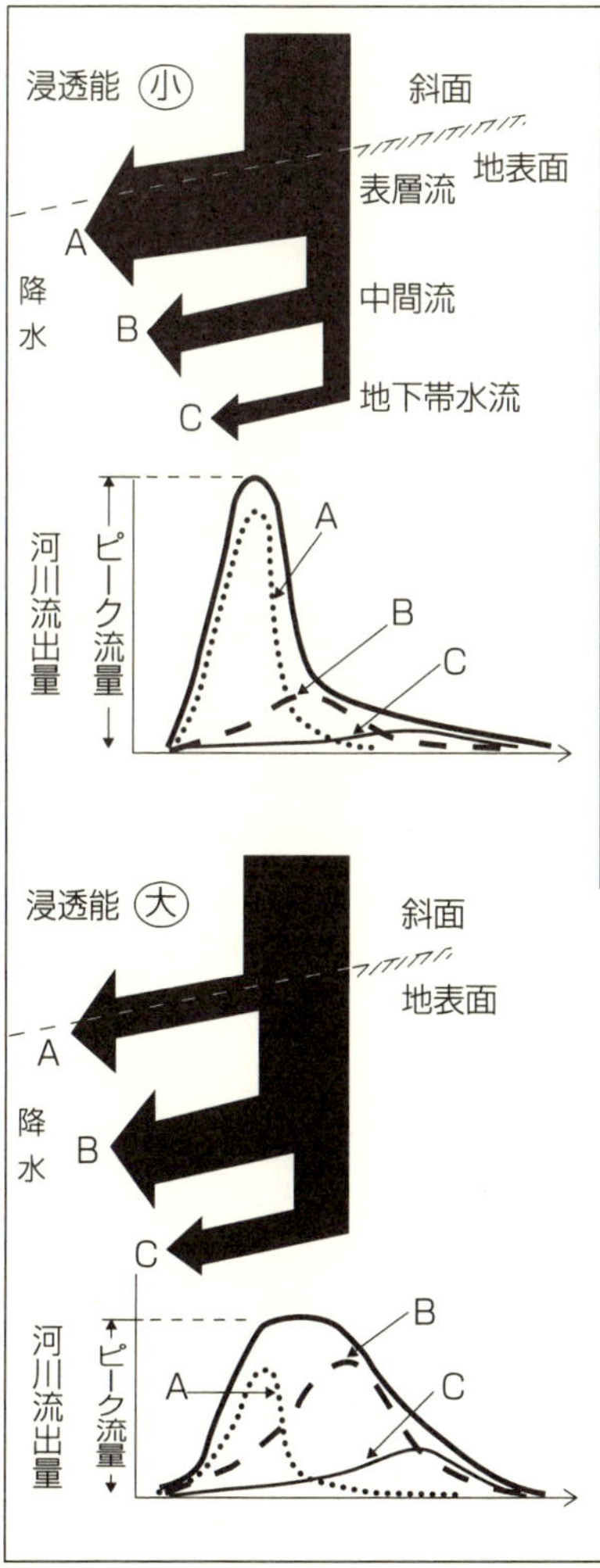


雨水の土壌浸透能の違いがピーク流量に及ぼす影響。浸透能が大きいとピーク流量は低下。

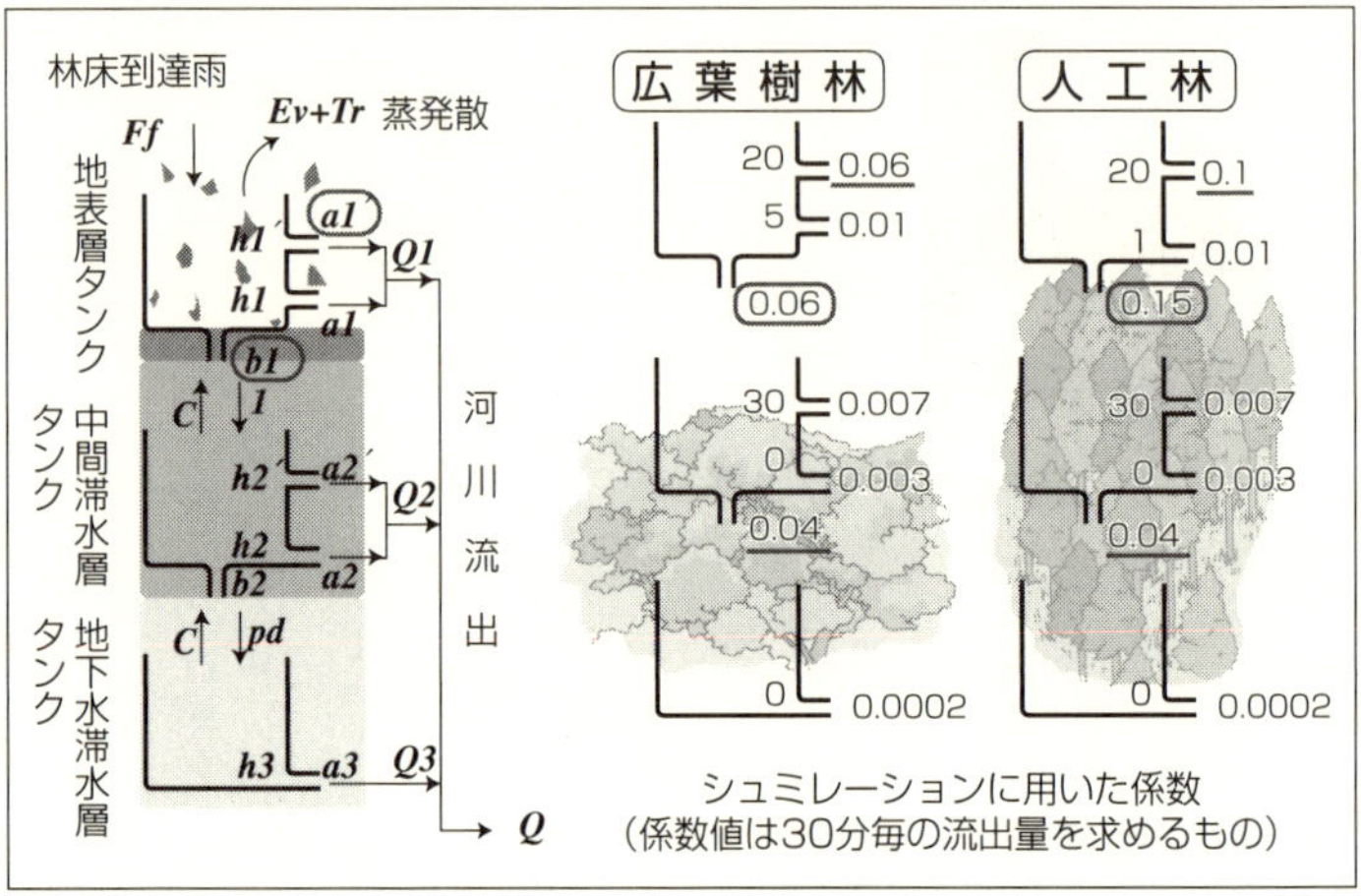


タンクモデルの説明

その結果、人工林が成長してきた一九九五年は、人工林が若齢だった一九七二年よりも川のピーク流量が四七％低減。さらに広葉樹が多かった一九五四年は、七二年より五七％。拡大造林が進んだ六三年より三五％も低く、一九五四年当時の森林状況に戻せば、ダムを造らなくても現在の河床と堤防のままでも八十年に一回の大洪水でも流せるという。

また、流域森林の治水機能を回復させる具体的な手立てとして、現在の人工林の約五〇％を今後十年間で適正に間伐することによって、その後、針広混合林に成長する二十年後には一九五四年当時の機能が再現できるとしている。

中根教授は、「一九五四年の森林機能があれば大丈夫。さらに河床掘削、堤防強化をやれば万全の治水対策を描くことができる。流域の森林面積八万ヘクタールの六〇％、約五万ヘクタールの強

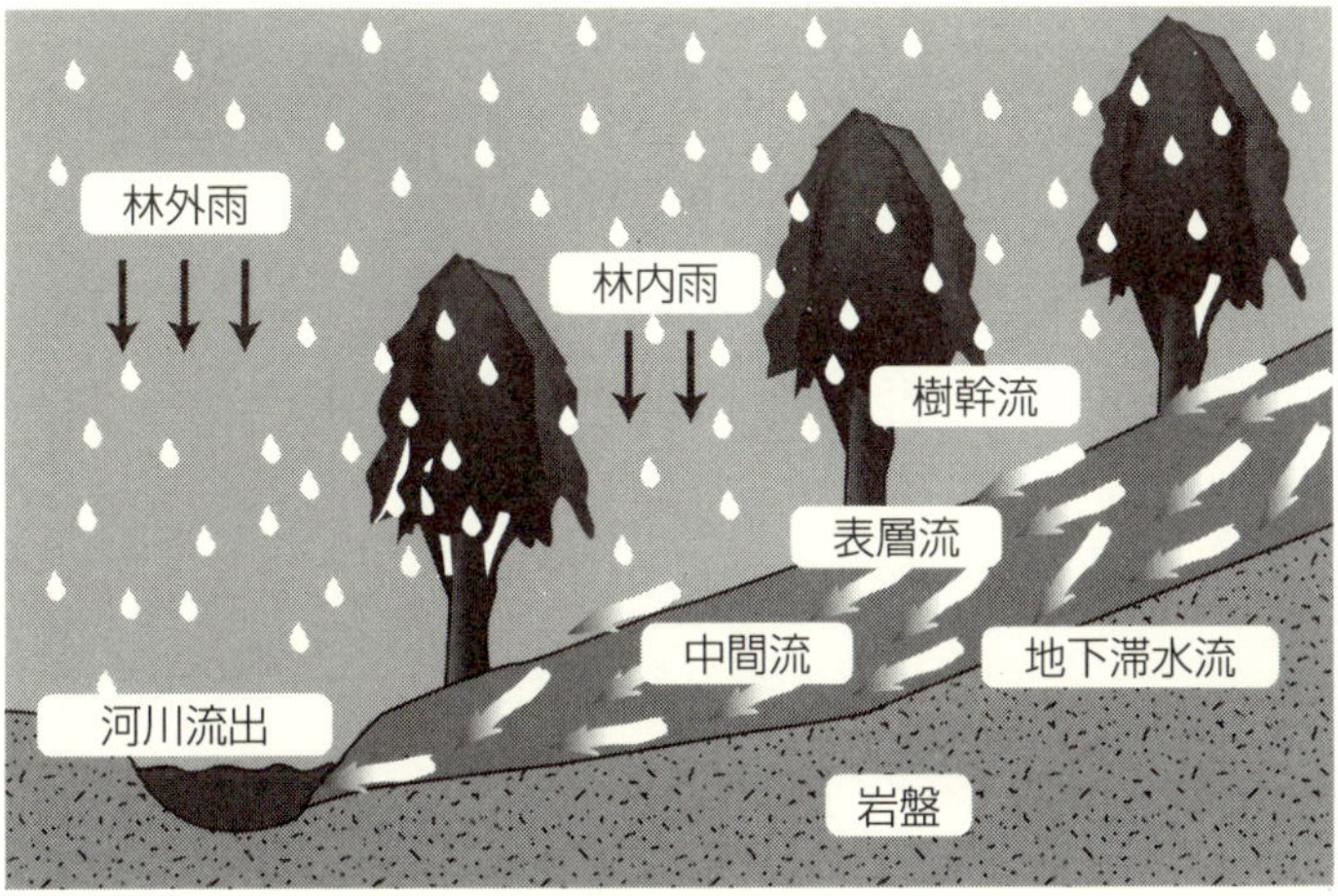


山地斜面の雨水流出

間伐による針広混合林化で一日あたり五百人の雇用が生まれ、地域の産業にもなる。国交省は頑なに緑のダムを攻撃するが、治水に生かそうという姿勢がないのは残念」などと話されました。

この研究結果は、平成十五年三月に山形大学で開かれた日本林学会で発表されました。詳しく知りたい人は学会資料をみてください。

私が驚いているのは、このような基本的な研究が国レベルでどうして今までされて来なかったのかという点です。四〇〇〇億円ものお金を投資するのですから、このような研究は国レベルでしなければいけないと思います。ところが国交省はその逆に、データの充分な公開を嫌がり、民間レベルでの研究も快く思っていないようです。

## 自然遊水地による治水対策――超過洪水時に有効

球磨川の川辺川合流点より上流において遊水地（自然遊水地）を整備して、二〇〇〜四〇〇トン／秒の洪水調節を行うという治水案があります。これは「緑のダム」を補うものです。これは国土問題研究会（国土研）の上野鉄男氏の提案です。私はこの案に全面賛成です。この案は、自然調整型治水であり私にとって最も納得が行くものです。世界の常識も治水のあり方はこの方向に進んでいると思います。

国土交通省の資料（左図参照）によると、自然遊水地として利用可能な面積は二二七ヘクタールで、洪水調節効果は二〇〇から二五〇トン／秒程度となっていますが、人吉・球磨地方の減反面積（生産調整目標面積）がなんと三二九二ヘクタール（一六六頁表参照）もある現実を考えた時に、二二七ヘクタールよりも広く自然遊水地を整備することも可能であろうと思われます。

自然遊水地は工事費も安く、また昭和三十年代以前には人吉より上流には自然遊水地が多数あり、これらの遊水地は洪水のたびに浸水していました。球磨郡の球磨川流域にある免田という地名も、税を免れる水田からきたらしい。その田は昔、自然遊水地であったので、税が安く

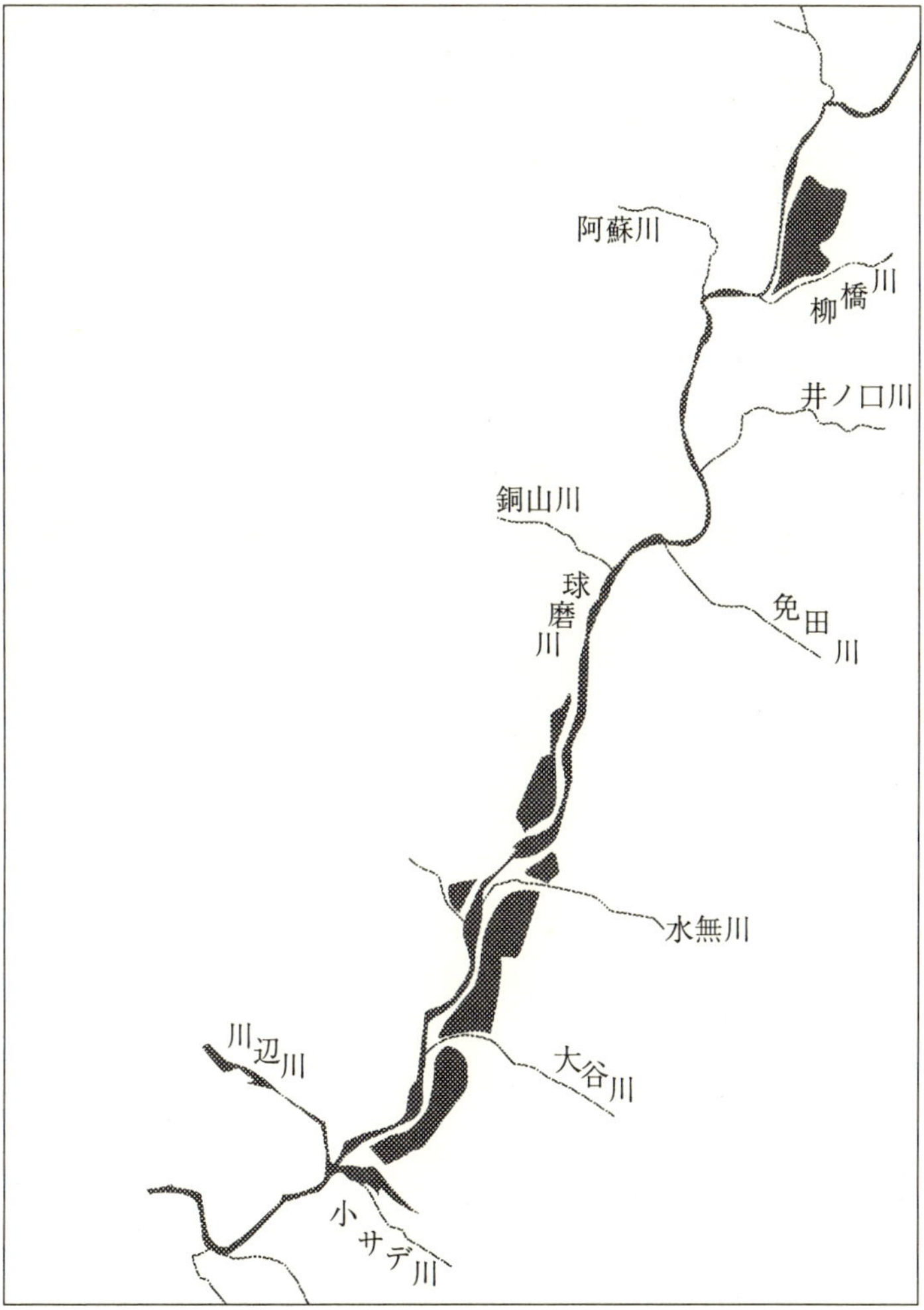


自然遊水地となりうる地域（国土交通省川辺川工事事務所発行「川辺川ダム建設事業Q＆A」より）

**人吉・球磨地方の平成15年度作付面積と生産調整目標面積**

| 市町村名 | 米の作付面積ガイドライン | 生産調整目標面積 |
|---|---|---|
| 人吉市 | 614.5 | 413.4 |
| 錦町 | 755.3 | 552.1 |
| 上村 | 472.9 | 373.4 |
| 免田町 | 315.8 | 239.0 |
| 岡原村 | 333.1 | 253.6 |
| 多良木町 | 836.3 | 594.3 |
| 湯前町 | 316.7 | 199.9 |
| 水上村 | 147.8 | 96.9 |
| 須恵村 | 142.0 | 104.4 |
| 深田村 | 140.5 | 93.3 |
| 相良村 | 269.5 | 193.0 |
| 五木村 | 14.2 | 6.7 |
| 山江村 | 146.4 | 75.2 |
| 球磨村 | 193.4 | 96.8 |
| 計 | 4698.4 | 3292.0 |

（単位 ha）

米の作付面積4698ha に対して、減反（生産調整目標面積）は3292ha にも達しているのです。実に41％の水田が、使われずに休田となっているのです。本当に利水事業が必要なのかは、この事からもわかります。一方で耕地に水を引く事業をし、他方で水田の減反をする。減反面積の異常な大きさは川辺川ダムの一つの目的である利水事業が破綻していることを暗に示唆しています。農水省の農業政策は、どこか間違ってはいませんか。

されていたという。昔の人は本当に偉かったのだ。

ここで提案している遊水地は洪水のたびに浸水するわけではない。理屈の上では人吉地域の流量が五四〇〇トン／秒を越える時に自然遊水地に洪水が流入するようにすればよいわけである。水源開発問題全国連絡会による人吉地区の八十年に一回の洪水流量が五三〇〇トン／秒であるという理論的な検討結果に基づくと、理論上は遊水地に洪水が流入する確率は八十年に一回もないといえる。このような意味から、上野氏の提案する遊水地は、計画の範囲内の洪水調節というよりは、超過洪水時に有効に働くと考えた方がいい。緑のダムの補完です。

川辺川ダムの年間維持費が四億円であるので、この費用の一部を自然遊水地となる地主に補償金として提供するなら、自然遊水地の候補地として名のり出る地主も多いと思われます。

平成十四年に上野氏が自然遊水地治水案を説明しようとした時に、地方行政の一部の人が国交省と一緒になって、上野氏の提案に耳をかたむけるどころか、遊水地の候補地について国交省の資料を使ったとの理由で、「人のふんどしで相撲をとるな」などと言って非難を浴びせていたのは、地元住民として悲しいことでした。また、遊水地候補地を所有する農民には真実をわい曲して宣伝をし、上野氏の話を聞かせようとしない姿勢も本当に悲しいことでした。

これが地域のリーダーのすることかと、この地域の民主主義とはこの程度のものかと本当に恥ずかしい気持ちになりました。郷土愛を忘れたダムを愛する政治家が地域のリーダーであってはいけないと痛感したのでした。

## 五木村のダム反対闘争の論理

社会評論家の高杉晋吾氏は、二十五年前（昭和五十三年）五木村を訪れ、当時の黒木村長や水没者地権者協議会の田山久郎事務長と会い、ダム反対闘争を語ってもらい、『日本のダム』（三省堂）にまとめています。その中でのやりとりです。

「地権者協は何をかけて闘っているのでしょうか」

「熊本県の下筌ダムの過去一三年にわたる闘争があり、われわれはその歴史をひもといて闘っているんですが、一番残念なのは、国や県は全くその経験を一つも教訓としていないんですなあ。今から二〇年前と少しも変らんですよ、考え方が。大きいダムをつくって、八〇〇年もつづいた歴史——日本のふるさと——を水没させて、失うものと得るものとをどう考えているのか、ですね」

（中略）

「このダムの問題点を私なりに言えば、一番大きいのは、かけがえのないこの自然環境を守らなければならない、ということですよ。後のことは付け足しですよ。これを後輩たちに残してやらんといかん、ということ。その一言に尽きますですね」

五木荘の下一〇〇メートルほどの団結小屋に高杉氏を案内し、川辺川の渓流を指さしての会話です。

「ほら見て下さい。あの水面を」

渓流の透き通った水面に、三〇センチ以上はあると思われるウグイが無数に群れている。

「きれいでしょう、この川は。昔はもっときれいで川底が見えんほどのウグイやコイがおったんですよ」

団結小屋には「ダム反対」の看板が下っていました。そこでの一場面です。

「これは下筌闘争で使われていた看板です。室原さんの奥さんからもらい受けてきて、使っているんです」

「法にかない、理にかない、情にかなう。これが公共事業であらねばならない」という室原知幸氏のことばも、その前に掲げられている。

高杉氏は『日本のダム』の本のしめくくりに次の一文を載せている。二十年以上前に書かれたこの一文が、今でも切実に心にしみる。

日本のダム
南北に長く、急峻な脊梁に支えられている
日本列島。そこでは、河川は水源から河口にまで
一挙に流出する急流とならざるをえない。その河川を
わが生命として共に生きてきた人々の社会は、
いわば「急流共同体」であり、激流によって規定されてはいたが、
人々はその激流の害も益も、総体としてすべて繁栄に転化させる
歴史の知恵を共有して生きてきた。近代はその急流を
ダムという巨大なコンクリートと鉄塊とで圧殺し、一挙に
その歴史的知恵をも喪失させつつある。いま日本の
社会は、水流を滅ぼし、みずからも終末へと
歩むことに専念しているように見える。

今はもう地権者協は過去のものになりつつある。代替地には都会のような新しい家が立ち並

ぶ。大きな村役場もできた。それにしても、水没を覚悟しているのか、頭地（とうじ）地区の取り残されたものはすべてさびしそうである。田山さんの当時の思いとは別に五木村はダム建設に向けて着実に進んでいるように見える。ダムを愛する政治家が政権の中枢にいて、国が強引にダム建設をすすめる時、地方の声はかき消されてしまうのか、全く無力なのか。しかし田山さんの思いが五木村民の真実の思いと私は信じたい。それが愛である。それが善である。神もそう信じている。

　川辺川ダムが安楽死した場合のことを五木村民も私達も、県も、国もそろそろ考える時がきていると思う。今、日本に生きる私達が川辺川ダム建設を止めることができなかったならば、本当に日本の社会は水流を滅ぼし自らも終末へと歩むことに専念している、という高杉氏の指摘と一致する。恐ろしいことである。

## 埋没

森の中深く入ってしまうと
自分の位置がわからない。
五〇メートル上空から見ると
その位置が非常によくわかる。
埋没してしまうと
真実がわからないことがよくある。
ダム計画の歴史の波に翻弄され続けた
五木村民は
本当に可哀想である。
そして五木村では
心も真実も
埋没しているのかもしれない。

付記　熊本日日新聞編集局編『山が笑う村が沈む』（葦書房）の中で、ダムに揺れる五木の人々の談話をとりあげ、五木村の人々の生の声をまとめています。その中で、熊本県鹿本町出身の黒木晴代さんの声を紹介しています。彼女は、熊本市内の大学に通っていた五木村出身の黒木一秀さんと出会い、昭和五十六年に結婚し五木村で暮らし始めたのでした。

「夜の静けさに驚きました。何の物音も聞こえません。時折、シカや犬の鳴き声がこだまするだけ。深い山奥でキャンプしているような、不思議な心地よい気持ちになりました」

農家ペンションを思い立ったのは結婚直後から。家計を切り詰め、（中略）昨年秋に夢がやっと結実しました。（中略）

「村の将来に向けて何ができるのかを考えた時、単なる観光ではなくて、山里の暮らしを実際に共有してもらうことではないかと思うんです」

びっしりとこけをつけたカシの大木の根元から、ふつふつと清らかなわき水がわき出しています。

黒木家は先祖代々、このわき水で暮らしてきました。今は簡易水道の水が供給されていますが、わき水の水源は、水神様として大切に守っています。正月のお供えをし、元旦は、わき水をわかし、お茶を飲みました。

「五木の子守唄に『水は天からもらい水』という詞がありますが、まさに天の恵み。自然への感謝を忘れない生活が、山里にはそのまま残っているんです」
昨年新築したロッジのわきに、収穫したキビが掛け干ししてあります。亡くなった義父母が作ったキビだんごの味も忘れることはできません。（中略）
「家族や村の人には当たり前のことが、よそから来た私にはとても新鮮なんです。大切に残し、都会の人にも知ってもらいたかですね」農家ペンションで伝えたいことは山ほどあります。
ロッジの前に広がる畑。（中略）
大きなミミズが土の中から顔を出しました。
「最初は気持ち悪くて、見つけるたびに悲鳴を上げて笑われていたのですが、いつのまにか慣れました。植えもしないコンニャク芋が育っていたり、土の力はすごいですね」
（中略）
五木村など九州脊梁につながる熊本、宮崎両県の一四町村は平成十年、九州ハイランド活性化協議会を立ち上げました。「環境との共生を考えた新しい地域観光」がキャッチフレーズです。
その推進役が、観光ガイドインストラクター。黒木さんもガイドの一人。（中略）
「自分の暮らす地域の魅力を引き出そうと頑張っておられる方々と出会うと、刺激を受

五木村金川のつんつん椿の木。川辺川ダムが出来れば、この樹齢500年のつんつん椿もダム湖に沈んでしまいます。

けますね」

五木に観光ガイド制度はありませんが、知人などの依頼があれば案内を引き受けます。川辺川にかかるつり橋や、鍾乳洞のある白滝（しらたき）などを紹介しますが、必ず川辺川ダムの本体予定地も案内します。

「訪れた人には、村の中心部を沈めてしまうダム計画についても知っていてほしいと思ってですね」

付け替え国道からはるか下に、美しい流れが見下ろせます。

「森を切り払って道ができ、異常に高い橋脚が次々と姿を現すのを見ると、開発と環境破壊は切り離せないものだと思います。水没予定地で家を壊されるのも見ました。人々の暮らしをも崩していくダムとは、何なのでしょうかね」

着々と進むダム事業の前で、環境との共生や山里の暮らしを守ることの難しさを実感します。

「主人と交際していたころから、ダム問題には関心がありました。なぜ、村の真ん中を沈めてしまわなければならないのか、と疑問に思っていました」

ところが、五木で暮らし始めて戸惑いを感じます。黒木さん方がある上平野地区は非水没地区にありますが、ダムについて話を聞いたり、意見を言う機会がまったくありませんでした。

かつての五木村頭地の郵便局（撮影・江口司）

一方、春代さんは自然に囲まれた暮らしの中、身近な環境を守っていこうという思いが強まります。（中略）

「水没しない地区にも大きく影響する問題です。疑問は消えるばかりか、強まっているのですが……」

しかし、さらに大きな環境変化を伴うダム事業は、目の前で着々と進んでいきます。

「日本のふるさとの原風景を残す五木村の景観を守り育て、誇りと愛着のもてる『子守唄の里』の構築に資する」――。村が平成十年に制定した「ふるさと景観を守り育てる条例」の基本理念です。

条例運用に関して提言する村景観審議会の委員に、黒木さんも任命されました。

十一年に村長に提出した答申は、頭地代替地を景観形成重点地域に指定、①、木造を基本として温かみのある家並みをつくる。②、山並みとの調和や、まち並みの連続性を確保する。などを提言しました。

「代替地に山村の景観を再現し、観光客誘致などにつなげようという村の考えに沿ったものです。しかし、それだけで観光客を引きつけることができるとは思えないんですよね」（中略）

一つだけ建設省に提案したいことがあります。

「代替地に移転する人が住んでいた家は、まだ壊さないでほしいんです。ダムが止まるようなことになれば、民宿に利用するなど生かし方があると思うんですよ」（中略）

年末、村内の友人らを招いて開いた忘年会。農家ペンションの将来に話が盛り上がります。

五木村の一人が言いました。「ずっと住んでいると五木のいい所、悪い所が分かりません。晴代さんの行動は刺激になります」

私はこの言葉の中に多くの真実があるように思えてなりません。よそから引越してきた黒木晴代さんの方が、昔から住んでいる五木村民よりも冷静な目で的確にものが見えるのではないでしょうか。そう思えてなりません。

歴史の波の中に翻弄され続けてきた可哀想な五木の皆様、今では心も真実も埋没させてしまっているのではないでしょうか。広島大学の中根先生が提唱しているように、ダムに頼らない森林の治水機能「緑のダム」の育成と自然を生かした再建策を考えようではありませんか。

各種の規制を緩和し、民間活力による経済性を促す「構造改革特区」に、人吉・球磨の十市町村を対象にした「森林(もり)の郷(くに)農林業げんき特区」が認定されました。今後は黒木晴代さんなどの経営する農家ペンションの開業が容易になります。水没予定地の頭地の民家を、自然や農業の体験型ツーリズム・グリーンツーリズムの中心地区に整備するのも一つの再建案ではないでしょうか。

## 五木村再建案

一、人工林の強間伐による雇用の確保

治山を強力に推進することによって森林土壌の浸透能が改善し川のピーク流量が減少し、洪水の発生が予防できる。つまり川辺川ダムの建設費二四〇〇億円の一部と毎年の維持費四億円を使うことによって流域の森林面積（八万ヘクタール）の六〇％の針広混合林化が可能となる。中根教授によれば約五〇〇人の雇用が創出されるという。

二、ダムを拒否した子守唄の里のブランド化

水没予定地を大きな河川公園化し自然学習型キャンプ村、民宿村として村の振興を図る。全国の多くの自然愛好家が五木を訪れると信じます。

そのためにも、ダム建設が正式決定するまでは水没予定地の家屋や植物をそのままの状態にしておいて欲しいと思います。歴史ある五木小学校も、ダムが出来ない場合は、民宿に利用したり、自然学習学校として利用出来ると思います。どうかそのままにしておいてください。

代替地に出来た新しい小学校とその周辺（撮影・江口司）

## アメリカの河川政策の転換

昭和五十一年のティートンダムの決壊及び平成五年の数カ月にわたるミシシッピー川の大洪水の経験によって、ダムの安全神話がもろくもくずれるとともに、アメリカの近代河川工法に誤りがあったとアメリカの人々はわかってきたのでした。

こうして今日、アメリカの河川政策は、一、大規模ダムを建設しないこと、二、老朽化し、安全性に問題のあるダムは撤去すること、三、撤去するに至らない既存のダムについても、一定の水量を下流に放出すること、といった、これらの河川政策に従ってオーバンダムは建設中止となり、エルワーダムとグラインズダムは撤去が決まりました。そしてグレンキャニオンダムは試験的放流を実施してどの程度自然が回復するか実験しています。オレゴン州ではダム貯水量の二五%は下流に放出することを義務づけています。

アメリカでも変わりつつあります　アメリカの河川政策に従えば川辺川ダムは建設不可能なのです。川辺川ダムによる利水事業でも国が敗訴した今、どの角度から検討しても、川辺川ダムは安楽死しかとる道は残ってないようです。

## 第４章
# 人吉市長選をめぐって

## 五人出馬表明の人吉市長選

平成十五年の市長選挙では、五名も出馬を表明しました。五名の紹介は公平を期すために、「熊本日日新聞」の左の記事を参考にしてください。

人吉市長選（四月二十日告示、二十七日投票）は、告示まで一カ月。現職、新人合わせて五人が出馬表明しており、全国注視の川辺川ダム問題や多選の是非を争点に、〝乱戦〟の様相を呈している。

立候補を表明しているのは、五期目を目指す現職の福永浩介氏（六三）、新人で会社役員の田中信孝氏（五五）、元市議の村上恵一氏（四七）、県議の土屋歳明氏（七〇）、元市議の家城正博氏（五四）。いずれも無所属。

同市の有権者数は約三万人。現職の福永氏に田中氏ら新人二人が挑んだ前回選挙は、福永氏が四百八十五票差の激戦を制した。田中氏は次点に泣いた前回の雪辱を果す。土屋氏は市議五期、県議二期を経ての転出。家城氏は前回県議選で、その土屋氏に七百十六票差の接戦を演じた。村上氏は一昨年、ダムをめぐる住民投票条例制定運動で約一万四千人の署名を集めたグループなどが後押しする。

全国の注目をあつめるのがダム問題。流域最大の人口を抱える八代市では昨年、ダム見直しを掲げる市長が誕生。最大の受益地とされる人吉市長選の結果次第で、こう着状態のダム問題が大きく動き出す可能性がある。

ダム建設促進協議会会長の福永氏は一貫してダム推進の立場。ただ、陣営幹部は「ダムは国策。市民の関心は（ダムと）別のところにあり、争点にはなり得ない」とかわす。

これに対し、新人はいずれもダムに否定的。村上氏は「ダムに頼らない治水対策や地域振興策を」と計画中止を前面に押し出す。推進だった土屋氏も「市民からはダムは止めてほしいという声が強い」と一転。反対を強調、田中、家城両氏は「まず、住民投票で民意を探るべきだ」と主張する。

ダムとともに市民の関心が高いのが多選の是非。新人はそれぞれ「このままでは人吉は何も変わらない」などと多選批判を強める。これに対し、福永氏の陣営は「間近に迫った（市町村）合併は新人にはできない」と実績と経験を強調する。

市民の間には、新人四人の出馬で現職批判票が分散するとの指摘もある。しかし複数の新人陣営が「一本化の働きかけもあったが、ここまで来たらもう引けない。市民の現職批判は想像以上」と勝算を口にする。福永陣営も「選挙戦が進めば自然に（当落を争う相手は）絞られてくる。油断はできない」と緩みを警戒する。

各陣営とも、他候補との違いを示す政策パンフを作成。連日、ミニ集会を重ねており、告示なき戦いが過熱している。（「熊本日日新聞」平成十五年三月二十日）

### ダムについての対応

新人四名はいずれもダムに否定的だが、その内容には大きな違いがあります。ダムをめぐる住民投票条例制定の運動をした「人吉市の住民投票を求める会」などの市民グループが後押しする村上恵一氏は、ダムの計画中止を前面に押し出しています。

一方、土屋氏は推進から一転反対を強調し、田中氏及び家城両氏は、「個人的にはダムは反対だがしかし治水上はダムは必要だ、まず住民投票で民意を探るべきだ」と主張し中立の立場をとっています。しかしながら、住民投票で民意を探るといっても、住民投票条例制定には人吉市議会での可決が前提条件となります。一昨年のように、市議会で否決されれば、住民投票をする機会さえ失うことになるのです。

熊本日日新聞の記者田口貴一朗氏は、私の所に人吉市長選の展望についてインタビューに来られました。その内容について「熊本日日新聞」（平成十五年四月一日、「統一選企画　川辺川ダムを問う）で次のような特集記事を出しています。

「最大のチャンスだ。人吉市長選で、川辺川ダムに対する市民の意思がはっきりする」

一昨年夏、ダム建設の是非を問う住民投票条例制定を求め、直接請求の署名を集めた人吉市の医師岐部明廣さん（五二）は声を弾ませる。市議会が一票差で否決し、住民投票は実現しなかったが、市民の意思を問う投票の機会が生じた形だ。

「ダムを造って、従来型の公共事業依存を続けるのか。環境に配慮した森づくりなどの事業に転換し、清流を残した街をめざすのか。ダム問題は百年先の人吉をかたちづくる。だから、今回はダムを争う市長選にすべきだと思うし、そういう流れができつつある」

当時、有権者の約半数に当たる約一万四千六百人が署名した。その大半はダムに反対、ないしは疑問を持っているとみられ、当選ラインにも届く数だ。

しかし、市長選に名乗りを上げた新人四人はいずれも、ダムに反対や否定的な立場。岐部さんら市民団体は「思わぬ誤算。候補者調整も難しい」としながらも、署名を集めた際の人脈をフルに活用し、ダムに「ノー」の一票を投じるよう働き掛けている。

「反対」を打ち出している新人陣営では「ダムへのスタンスはそれぞれ違う。おのずと票は集約される」と期待する。

これに対し、別の陣営は署名者票の行方に神経をとがらせつつも、「単純にダムだけの選挙になるだろうか。市長にだれがふさわしいか、いろんな選択理由がある」としている。

## 一本化できなかった私の反省

ダム推進候補現職一人に対して、ダム反対二人、及び慎重派二人の計四人が出ては、誰が考えても現職が有利である。人吉市民は、馬鹿だと多くの川辺川ダムに反対する全国の人々は考えたに違いない。私も本当に馬鹿であったと反省しています。

思い起こせば、平成十三年の人吉市の住民投票を求める活動をしながら、福永市長の言動・行動をみるにつけ、人吉の民主主義とは何なんだろうといつも疑問に思っていました。

市民の絶対多数のダムを造って欲しくないという思いと裏腹に、市長が漁業権の強制収用を容認する会見をしたり、議会工作などの行為を目の当たりにして、一人の市民として悲しい気持ちになりました。それでも私は、住民投票を求める条例は可決されるものと強く信じていたのでしたが、福永人吉市長の議会工作が功を奏して一票差で否決された時は、本当に落胆しました。

この時、「人吉市の住民投票を求める会」の工藤益雄氏、中澤光春氏及び高瀬清春氏から、次期市長選に出馬するように言われましたが、お断りしました。高瀬氏、中澤氏は、人吉市長のリコールをするのが筋だと主張しましたが、リコールはもちろん理にかなってはいますが、人吉の風土にはそぐわないと感じていましたので私は賛同しませんでした。

しかし、次期市長選だけは福永氏に負けるわけはいきません。ダム反対の市長を誕生させ、人吉市に民主主義を確立せねばと私なりに考えていました。今回の選挙だけは絶対に負けられない失敗は許されないと考えていました。その時、前回市長選で微差で惜敗した田中信孝氏が出馬の意志を固め、平成十四年四月、私の所に訪ねて来られ、次期市長選を応援して欲しいと言われました。私が田中信孝氏を応援するただ一つの条件として「ダム本体工事建設の賛否を問う住民投票」を絶対に実施して頂けることでした。本当はダム反対を強く表明して頂ければと考えていたのでしたが、それは出来ない感じでしたので、住民投票さえ出来ればそれでいいとその時点では考えていました。

お話を聞いて田中信孝氏は教養も、見識も高く、ダムに反対して頂けるなら協力しましょうとお答えしました。そして何よりも福永現市長に絶対に勝たなければならない。もし田中氏に依頼されれば、後援会長になってダムを造って欲しくない市民を結集したいと密かに思っていました。私はそのことを「人吉市の住民投票を求める会」の同志の工藤益雄氏、高瀬氏及び中澤氏にはお話しました。三名とも田中氏で一本化すれば絶対に勝つと明言されました。しかし、高瀬氏と中澤氏は村上恵一氏に市長候補になるように強く勧めていたようです。

後で村上氏本人から聞いた話では、六月初旬に上原義武市議会議員より、市長へ出馬するように要請されていたのが始まりであり、その話に工藤氏、高瀬氏、中澤氏が賛同したとのことです。この時点で村上氏も出馬するかどうか非常に迷っていたと後で聞きました。そうこうするうちに高瀬氏と中澤氏及び工藤氏が村上恵一氏を市長候補として推薦したいということになり、平成十四年八月二十五日、人吉旅館での会合で、「人吉市の住民投票を求める会」も推薦して欲しいと言われました。

この時、「住民投票を求める会」の請求代表者の工藤氏、私、鶴上氏、坂本氏、高山氏及び幹事の中澤氏が出席しておられましたが、中澤氏と工藤氏が強く村上氏を推薦して欲しいと言われました。私も村上氏は非常に好きでしたし、何よりも「求める会」を設立する時に私を高瀬氏と共に勧誘に来られた人です。しかし田中氏が既に出馬表明していたので、ダム反対票が割れれば福永市長が有利になると考え、とても即答できませんでした。その会議では私は変な譬えで村上氏の推薦に難色を示しました。

私は次のように言いました。

「十万都市ならば八代の中島市長の時のように、村上氏と田中氏が出馬しても村上氏が勝つかもしれませんが、有権者が三万人の小都市では、村上氏の勝つのは至難のわざである。浮動票があまりにも少ない。ダムを阻止することを医者になることに言い換えると、既に田中氏が出馬表明をした現在、村上氏を市長に当選させることは東大医学部に入学して医者になるように難しい状態で、田中氏一人がダム反対で出馬すればそれは、九大か熊大医学部に入学して医者になることに似ている（本当は田中氏の合格の確率はかなり高いと思っていましたが、その

時私はこのように表現したのを覚えています）。理想を追うのではなく確実な方法で医者になる（ダムを阻止する）のがベターな策ではないだろうか」と村上氏の出馬に難色を示したのでした。

というのも今回の選挙は絶対に失敗が許されないので、ランクを下げてでも（田中信孝氏に本当に失礼な表現で申し訳ありませんでしたが）確実に合格出来る大学を選択すべきであると出席者の皆さんに主張したのでした。工藤氏と中澤氏を除いた請求代表者の方は私の意見に賛同のようでした。それが四人も新人が出馬するとは、その当時には全く予測していないことでした。

結論がはっきりしないうちに、九月二十四日、村上氏は、中澤氏及び工藤氏と同席して市長選出馬表明記者会見をしました。ダム反対に熱心な人達ほど、村上さんに異論は全くありません。

ダム反対の活動家の間で市長候補としての村上さんの名前は急速に拡がりました。多くの人達が、田中氏ではなく、村上氏で行こうと説得に来られたのもこの頃でした。しかし、その逆を言う人は一人もいませんでした。私の妻と義母は、田中氏が引かない以上最期まで田中氏への一本化でないと勝てないと、私に言ってました。

今になって思えば、早い時期（平成十四年八月頃まで）に田中氏がダム反対を表明していれば、村上氏出馬はなかったかもしれません。しかし、田中氏は賛成・反対の対立を作りたくないために自分は中立の立場で住民投票をして民意を探るというスタンスでした。最初は私はこれだけで十分と考えていたのですが、これに納得しない人も多いのです。特にダム反対を強く主張している人はそうです。

田中信孝氏が再々私の病院に来られて意見交換するうちに、彼の卓越した意見も頼もしく感じられ、どうにか村上氏と一本化出来ないものかと心を悩ませました。私から田中氏にも、ダム阻止の大義のため出馬を辞退して頂けないかとお願いもしましたが、一端運動が始まってしまえば、坂を下る車のように勢いがついて、自分の意志のみでは止められないと断られました。

ダム反対の活動家の人々は、村上支持なので勝ち負けを心配しながら、私も村上支持で筋を通す決心を少しづつ固めていきました。毎日、病院に来られる多くの患者さんにダムが出来てしまえば人吉市民が困ってしまうこと、ダムが出来てしまえば取り返しがつかないことを繰り返し訴えて、そして村上氏を支持するように説明していました。新聞投稿も続けてダムによる環境破壊、ダム決壊や放流の危険性、ダムによる損失の大きさを訴えました。

村上氏が出馬表明をした時点で、後援会長の依頼を村上氏、工藤氏、高瀬氏、中澤氏、及び上原義武氏よりされていたのでしたが、田中氏への一本化をはじめは考えていたのでお断りしていました。平成十五年一月中旬に村上氏より筌場一郎先生が後援会長をお受けする条件として、私が後援会副会長をすることだと言われ、そして副会長をうけて欲しいと依頼されました。

その時に同時に中澤氏が村上氏の選挙事務所より抜け、高瀬氏の県議選のみ取り仕切ることに決定したと言われました。今思えばこの時、田中氏と村上氏との一本化を考える最後のチャンスであったと思います。結果論に過ぎませんが、この時、村上氏を説得する最後のチャンスだったのかもしれません。

田中氏との約束はありましたが、田中氏のダム反対のスタンスが明確でないため、私は副会長をお受けし、微力ながら村上市長誕生に向けて気持ちをはっきり固めました。何よりも今回の選挙は人吉市の民主主義を取り戻す大切な選挙ですし、川辺川ダムの安楽死を願う全国民の注目の選挙です。人吉市民の良識に訴えれば、もしかして村上氏も勝つ可能性があるかもしれないと判断していました。人吉市民の良識にかけてみたのです。結果論からすれば、この私の判断は間違っていたのですが……。

平成十五年一月下旬、高瀬氏の最高幹部の中澤氏が私の所に来られて、村上氏を市長候補から辞退させ、土屋氏支援に回ろうと話された時は、ただただ驚くばかりでした。というのも高瀬氏と中澤氏は、村上氏擁立の張本人であったし、土屋氏を偽物のダム反対と平成十四年には強く非難していたのを私は知っていたからです。その直後、村上氏中傷の怪文書が出回り、更にはその怪文書を持って工藤益雄氏までが中澤氏と同様の提案をされました。中澤氏と工藤氏とは田中氏一本化を強く反対して村上氏擁立を画策した立役者でしたので、本当に晴天の霹靂

五木村頭地にに残る墓（撮影・江口司）

でした。

村上氏より、高瀬氏、中澤氏が離れていった最大の理由は、県議選と市長選をセットにして一本化した運動をしたいと考える高瀬氏などに対して、セットにしたくないと考える村上氏との考えの違いのようでした。村上氏より離れた高瀬氏及び中澤氏は親村上より、反村上・親土屋氏と大きな方向転換したのには、私は本当に驚くばかりの出来事で、二月上旬の時点では村上氏は、福永氏、田中氏に大きくリードされ選挙態勢が全く整っていないのが現実でした。

高瀬氏・中澤氏及び工藤氏の動きが「人吉市の住民投票を求める会」が割れていると新聞上には報道され、村上氏の運動には大きなマイナスになっていました。私の方へ土屋陣営より村上氏を降ろして土屋氏へ一本化しようとする提案がしばしばあったのもこの頃です。しかし、土屋氏が降りて村上氏への一本化ならともかく、土屋氏への一本化はどう考えても納得がいきません。私は田中氏か村上氏のどちらかの一本化なら意義があると考えていました。しかし選挙運動が進んだ時点での、この二人の一本化は実現不可能でした。もちろん私が村上氏を説得したわけではありませんが、この時点では田中氏のいわれるように一端選挙運動が始まってしまっているので、私個人の力ではどうにもならないのが現実でした。選挙運動の真っ只中にいると冷静さを失うのが現実のようです。

県議選の結果が出た四月十四日未明に、県議選に落選した高瀬氏の事務所で、工藤氏が市長候補の一本化の話を突然されましたが（「熊本日日新聞」の記事で知っていたのですが）、実際は何一つ具体的な行動をとっていません。田中氏への接触もなければ村上氏への接触もありませんでした。

一本化の提案はマスコミや多くのダム反対の人々の気持ちを膨らませますが、村上氏出馬表明前の一本化を阻んだ人達が、最後の最後になって一本化を言い出すのは、私には理解出来ませんでした。

それから三日後の市長選の告示の直前に、高瀬氏が私の所に来られて、現時点の二番手の土屋氏を自分は応援するつもりであり、村上氏は四番手であると言われました。確かに高瀬氏の県議選の最終日の東西コミュニティーセンターでの総決起集会で彼は、市長選は二番手を応援すると明言していました。田中氏が二番手と考えるのなら理解できるのですが、どうして土屋氏への評価が高いのか私にはどうしても理解出来ないのでした。高瀬氏は、票を推測する能力がないのか、それとも土屋氏の票はたぶん少ないであろうということを知っていながら、偽ってそう言っているのかは私にはわかりませんでした。ただ県議選に落選した高瀬氏が「こんなことならダムを反対するのではなかった」と私に言われた言葉が今でも脳裏に残って離れません。

住民投票を求める活動における高瀬氏の目を見張る活躍を知っていただけに、驚きは大きいものでした。私が期待したように、彼に期待している人は今でも多いはずです。

市長選後に工藤氏から「三〇〇〇万円あれば、一本化できたのに」とポツンと残念そうに言われました。私は、あえて誰が誰に三〇〇〇万円を出せば、誰と誰の一本化になるのかは問いませんでした。

もし福永氏が勝ったならば、出馬表明前での一本化を阻んだ高瀬氏、中澤氏及び工藤氏と同じように、一本化の最大限の努力を怠った私も同罪です。結果論として福永五選の最大の功労者は皮肉にも、住民投票を求める活動の中心にいた工藤氏、私、高瀬氏、中澤氏、上原氏及び村上氏だった気がしてなりません。かえすがえすも何とも皮肉な結果です。その反省の気持ちから、私の知る限りの一本化の話をここに書きました。

私達が馬鹿であったために、福永市長は当選後の四月二十八日、次のように「熊本日日新聞」の金子秀聡記者に語っておられ、珍しく福永市長は的を射た批評をされています。

「ダム問題が争点だったかどうかは分からないが、五人もでれば票が割れるのは当然だ。そもそも反対派が分裂したこと自体、ダムが争点になり得なかったということ。本当にダムを止めたいのならば、小異を捨て大同につき、一本化ができたはずだ」

付記　この「一本化できなかった私の反省」を書いていた時は、工藤益雄氏は御健在でしたが、去る平成十五年七月七日、熊本大学附属病院にてお亡くなりになりました。川辺川ダムの利水裁判の農民側勝訴の知らせをうけとり、私の病院の五階の個室で手をとりあって、二人で喜んだのが最後となりました。五月下旬に熊大附属病院に転院する時は、とても元気でこんなにも早く帰らぬ人となるとは予想だにしていませんでした。

「住民投票を集める会」は、工藤会長、私が副会長でスタートし、会長がこの人吉市の民主主義を確立する運動は、ただ単に人吉市の問題ではなく、全国に影響を与える「平成の維新」であるといった言葉が昨日のように思い出されます。

今回の人吉市長選だけは少しスタンスが異りましたが、「住民投票を集める会」の会長として活躍されたことは末永く人吉市史に残ることと思います。ここに御冥福をお祈りいたします。そして、ダムが安楽死したあかつきには、墓前に御報告することを約束いたします。

## 墓前に報告したい川辺川ダム安楽死

工藤先生との初めての出会いは平成十三年二月の「人吉市の住民投票を求める会」を結成する人吉旅館での会合でした。その時の第一印象は、威厳のある初老の紳士でした。その話しぶりは理論的で頭の良さを感じました。工藤先生が「住民投票を求める会」の会長に推挙され、私も主メンバーより副会長にと依頼されて引き受け、会長・副会長としてコンビを組んだのが、お付き合いの始まりでした。

「週間ひとよし」掲載された追悼文の工藤益雄氏の似顔絵（画・坂本福治氏）

工藤先生の川辺川ダム計画反対の決意と人吉市政刷新の情熱は、並々ならぬものを感じました。そして「人吉市の住民投票を求める」活動は、単に人吉市の問題ではなく、日本全体に影響を与える「平成の維新」であると言われた工藤会長のお言葉は今でも深く印象に残っています。私と工藤会長が最初に一緒にした仕事は、福永浩介市長の自宅へお伺いして「人吉市の住民投票を求める会」の結成の報告と理解を求めて三者会談を持ったことでした。その場で福永市長は出身大学の大先輩の福澤諭吉（慶応大学創設者）の話を引用されて、自分の初心を貫きたい由を話されたようでした。そして「住民投票を求める」運動を粛々とやってくださいとおっしゃいました。

半年を超えるこの活動が過労になったのか、工藤会長は署名活動の後半には人吉総合病院に入院されました。残念ながら住民投票条例は一一対一〇の一票差で否決されましたが、それなりの意義はあったと私も工藤会長も同じ思いでした。その後、潮谷義子熊本県知事の計らいで、川辺川ダムを考える住民討論集会が開催されることになり、第一回討論集会が平成十三年十二月九日、相良体育館で開かれた時、途中で退場しようとしたダム促進派の人達を制止した潮谷知事の毅然とした姿を、工藤会長が「日本のジャンヌ・ダルク」と喩えられた言葉が、昨日のように思い出されます。ダム反対運動の尊敬すべき同志であり、年齢の差はありましたが、良きコンビであったと思います。

ただ、今回の市長選だけは、私と少しスタンスが異なっていたことが心残りでした。この選挙運動が体に障ったのか、糖尿病と肝機能が悪化し、小林脳神経外科病院の小林院長より私の病院へ紹介され、入院しましたが、その後、熊本大学附属病院へ紹介転院いたしました。元気な声で「すぐ人吉に戻ります。人吉に帰ってきた時はまたお世話になりますよ」と言ったなりに約一カ月半後に帰らぬ人になってしまいました。

私の病院に入院中でもお元気で本をいつも読んでいる先生でした。そして、川辺川ダムの利水訴訟で農民側（梅山究原告団長）が勝訴した知らせを受けた時に、二人で大喜びしたのが最後となりました。工藤会長と私は、住民投票条例・市長選と負け続けでしたが、この利水裁判の勝利は何よりもの元気づけ、励ましになったのでした。そしてこの勝訴判決が、今思えば工藤会長にとっての、何にも勝る本当に最後の神の声「贈り物」であった気がしてなりません。お亡くなりになるには、少し早すぎました。人吉にとって惜しい人を失いました。川辺川ダム計画が、本当に安楽死した時は、改めて先生のご仏前にご報告に参りたいとお約束して、私の追悼の辞と致します。先生、安らかにお眠りください。

合掌

（「週間ひとよし」平成十五年七月二日）

## 私なりの応援

川辺川ダム本体建設の是非を問う、「人吉市の住民投票を求める会」の請求代表者会議では一致団結して村上恵一氏を応援することを平成十五年三月、再確認しました。もちろん、工藤益雄氏を含めてでした。本当のダム反対は村上氏であるということを、皆承知していたからです。

私は、職権乱用ではありますが、私の病院に来られる患者さんに村上氏の推薦をしました。それと同時に、川辺川ダムの弊害を訴え市民の啓蒙の目的で、「人吉新聞」や「週間ひとよし」への頻回の投稿（その多くがこの本の中心になっています）、本書十頁の「想像してごらん」の詩をのせて、父（外山敬次郎）の一周忌の挨拶を書いた葉書による「立春のご挨拶」五〇〇名、「母なる川」のコピー五〇〇〇枚の配布、「球磨川の今昔と未来」「どこに消えた落ち鮎の大群」のコピー五〇〇〇枚の配布、「あなたは川辺川ダムが欲しいですか」の印刷物三〇〇〇枚の配布、「川辺川ダムをあなたは欲しいですか？　母なる球磨川の未来を、あなたが考えてください」という意見広告を朝日新聞へ一回、熊本日日新聞へ一回、そして人吉新聞へ八回出しました。更には投票日の直前に「人吉市の住民投票を求める会」の主な受任者八〇〇名、署

外山胃腸病院院長
**岐部明廣**

あなたは、美しい川辺川・球磨川の水が涸れてもいいですか？

あなたは、ダムが欲しいですか？

あなたは、美しい郷土が消えていくのが悲しくないですか？

村上さんは、自然と子供と老人たちを愛する心優しい男です。謙虚で公平な心の持ち主です。私は、そんな村上さんが好きです。潮谷義子熊本県知事も村上さんに期待していると信じております。田中康夫長野県知事も、村上さんに期待しております。今回の人吉市長選挙は、私たちが前回否決されたダムの賛否を問う住民投票そのものです。皆さんの良識が、川辺川ダムの安楽死か強行突破かを決めるのです。

「村上恵一後援会だより」第２号より

## 春水（しゅんすい）の御挨拶

若鮎の二手になりて上りけり（子規）
桜鯎（さくらうぐい）の粧（よそお）い喜び水清冽

先般の川辺川ダムの是非を問う住民投票は、残念ながら実現いたしませんでしたが、来る４月27日の人吉市長選挙は、まさに住民投票です。母なる球磨川の未来、清流・川辺川の未来は、郷土を愛するあなたが決めます。人吉の未来はあなたが決めます。
　皆様の御健勝を願っています。

平成15年４月吉日

人吉市の住民投票を求める会
工藤益雄　岐部明廣　高山菊江　前田一洋
坂本福治　竹田卓哉　瀬戸致行　鶴上寛治

2003年「春水挨拶状」

名者六二〇〇世帯へ「春水の御挨拶」の葉書郵送を致しました。その内容については右に載せています。どれほどの効果があったか全く未知数です。しかしながら私にできる精一杯の活動でした。

　そして請求代表者の鶴上寛治氏、前田一洋氏、「清流球磨川・川辺川を未来へ手渡す会」の木本雅巳氏と共に、村上氏の立ち会い演説会の前座の講師として働かせていただきました。瀬戸致行先生や、この本の挿画としても使わせていただいた、カッパの絵で有名な坂本福治氏にも加勢をしていただきました。

川辺川の夏（撮影・江口司）

## 「少年の感性」と市長選

皆さんこんにちは。私は、市長候補の村上恵一を精一杯応援している、外山胃腸病院の岐部です。

いよいよ来ました。川辺川ダムの賛否を問う、住民投票をする時がきたのです。四月二十七日の人吉市長選挙は、真に住民投票そのものです。仮に、ダムを造りたい人が市長になったならば、人吉市民はダムを認めたことになります。

私の好きな作家は『深い河』を書いた遠藤周作。外国の作家では『沈黙の春』を書いたレイチェル・カーソンです。そして尊敬する医師は、シュバイシァ博士です。本当に偶然なことに、レイチェル・カーソンの尊敬する人も、シュバイシァ博士です。そして、潮谷義子熊本県知事の最も尊敬する人もシュバイシァ博士です。知事の私へのお手紙にそう書いておられました。

そのシュバイシァ博士の有名な言葉に「世界中の人が、今、十五歳の少年の心、少年の感性をもっているなら、自然破壊も起こらず、地球はどんなに美しくなるだろう」というのがあります。少年の感性とダムとは相容れないのです。

福永市長や、日本の多くの政治家、自民党の政治家も政治献金を集めることだけに力を入れないで、少しでも、少年の心、少年の感性を思い起こしてほしいものだと感じます。一部の人が、村上恵一は若すぎるといいますが、とんでもございません。私に言わせるならば、四十七歳でも少し遅いぐらいです。少年の心を忘れた七十歳では遅すぎます。

福永市長も、今の村上さんと偶然にも同じ四十七歳で市長になられたと聞いています。この時は市長も、川辺川の水のように清らかでそして、市民の声を聞く耳ももっていたと思います。しかし、十六年はあまりにも長すぎました。いくら立派な人でも川の水と同じように、停滞すると汚れます。その証拠に、福永市長の事務所開きの席で、市長は「川辺川ダムに反対する人は、バイ菌だ」とおっしゃいました。私達の代表者の発言として、本当に悲しい本当に恥ずかしい言葉でした。

皆さん力を合わせて、若さと少年の感性をもつ村上恵一を市長にあげ、人吉の民意は「川辺川ダムはいらない」ということを国土交通省、全国の皆さんに声たからかに宣言しようではありませんか！

平成十五年三月十六日

岐部明廣

これは、日本中が川辺川ダム問題に注目している今、川辺川ダム反対運動のため、菅直人民主党党首が村上恵一氏の応援に駆けつけてくれた「ストップ・ザ・川辺川ダム・イン人吉」で

平成15年４月１日、中村敦夫参議員議員も村上恵一氏の応援に駆けつけました。中村議員は、「川辺川ダムに代表されるような無駄な公共事業のために税金の有効利用が出来ない。自民党の政治は、政治献金を集めることに齷齪して、国民のための政治を忘れている。そして政治家への政治献金が、政治を大きく歪めている」と熱っぽく訴えられました。

の、豪雨の中の場内グランドでの私の挨拶です。菅直人党首は「緑のダム」の役割を熱っぽく以下のように訴えられました。

八代市長選で中島市長が誕生したが、今度の人吉市長選がダムの問題を決めると言っても過言ではない。

ダムをやめて流域の山を保全し、必要なら堤防を上げるなどの整備して数少ない清流を守るべきだ。

尺鮎を求めて全国から釣り人がやってくる経済効果は、一時的なダム工事と違い永続的に続いていく。公共事業に反対しつぶそうと言っているのではなく、地元の人が出来る山や川を守るための環境保全型事業に変えていこうと主張しており、小泉首相も悪くない

移動し、新しくなった墓。ダムに沈む故郷の方を向いている。（撮影・江口司）

と言っている。しかし、なぜ川辺川ダムや諫早干拓をやめないのか。税金の使い道を間違っている。

菅党首の主張は私達と全く一致しています。

## 日本の再生は人吉から

私は川辺川ダムは大義を失った無駄な公共事業だと思っています。しかし、ダム促進を訴える地元首長や、多くの雇用を抱える地元の建設土木業の社長に異を唱えるのは、多くの市民にとって勇気のいることのようです。

民意はこれまで歪められてきたのです。首長や議会の考えが民意と言われてきたのです。もし今回の人吉市長選挙に「人吉市の住民投票を求める会」などの市民グループが押す村上恵一氏が当選し、川辺川ダム計画が中止になるならば、政治献金で政治家の進む道が大きく歪んでいた日本の政治の一つの転換になるだろうと思っていました。おおげさに言えば、日本の再生は人吉からと考えて精一杯、村上氏を応援したのでした。ところが偶然にも福永浩介人吉市長の選挙用のリーフレットのタイトルも「日本の再生は人吉から」でした。大きな驚きでした。参考までに次にのせた彼の「日本の再生は人吉から」の一文を読んでください。

**日本の再生は人吉から**

国家の原則として、

(一)、領土を守る　(二)、国民の財産を守る　(三)、日本の伝統と文化を守る

このような事があると思いますが、川辺川ダムについてはこの第二の国民の生命と財産を守る為に計画されたものです。私たちの先輩や国・県は川下りをできなくする為、鮎を捕れなくする為、市の経済をダメにする為、などで計画を進めたのではありません。夏毎秒二十二トン、冬十八トンの流量を確保することで、かえって安定的に川下りの運行ができ、鮎の生育にも支障なく、その他色んな問題を解決しながら取り組んできたのです。この計画に反対している候補者の方々は市民の生命と財産の大切さをどのように考えているのでしょうか。政治の本質にかかる問題ですし、水没する五木村、相良村の人達の気持ちをどのように受け止めているのでしょうか。いま大変な不況です。企業倒産、失業者の増大が懸念されます。大型投資（川辺川ダム）によっていろいろな業種で景気浮揚を期待する事は決してはずかしいことではありません。計画発表以来、三十五年、はじめて選挙の争点になるとは不思議な気もします。

平成十五年二月吉日

（福永浩介人吉市長の選挙用リーフレットより抜粋）

## 福永浩介人吉市長リーフレットから

福永浩介人吉市長のリーフレットから、後の政策、公約を見ると、次のようなことが書かれています。

**景気回復に自信あり!!**

**手法1　市町村合併により、新しく得られる財源を活用する**

○仮に六市町村で合併した場合の財政面での効果

補助金など　一五億三千万円（国からいただくお金）

地方交付税　普通交付税　二八一億七千万円（国からいただくお金）

特別交付税　七億七千万円（国からいただくお金）

地方債（合併特例債）借入限度額　三一九億五千万円（七〇％は返済必要なし）

○相良村と一市一村で合併した場合の財政面での効果

補助金など　七億五千万円（国からいただくお金）

地方交付税　普通交付税　六一億一千五百万円（国からいただくお金）

特別交付税　四億二千二百万円（国からいただくお金）
地方債（合併特例債）借入限度額　一〇〇億一千八百万円（七〇％は返済必要なし）

内容は、市町村間で各界の住民代表も参加した協議会を設置して討議していきます。
平成十四年度、人吉市への地方交付税（国からいただくお金）は四八億円でありますが、合併後はこれとは別に、上記の財政面での補助があります。経済効果は絶大で、現在の人吉にとっては恵みの雨となります。

**手法2　川辺川ダム建設事業による刺激策（十五年度以降）**

1、本体工事を含むダム関連工事　八〇〇億円
2、水源地域整備計画　七〇億円
3、川辺川総合土地改良事業
　国営事業　二〇五億円
　関連事業（県営）　一五〇億円
　合計一二二五億円

ダム本体が着工しますと、地元には膨大なお金がおちると同時に、約五〇〇人~一〇〇〇人のダム関連従事者が、市外から居住することになり、色んな商売がうるおい、賑わいます。

**手法3　観光とスポーツの振興による刺激策**

1、鹿目の滝周辺整備とモノレール設置を計画します。
2、三十三観音、念仏の里づくり、つつじ祭り、おひな祭り等の観光資源の充実をはかります。
3、川上記念球場で、少年野球大会を数多く開催します。
4、歴史資料館(仮称)を建設し、城内の復元工事をすすめます。
5、市街地活性化事業で活気ある街づくりを目指します。
6、高齢者に優しい街づくりをします。

付記　手法1の市町村合併は、現在白紙に戻っています。
手法2の川辺川ダム建設事業による景気刺激策をいつも強調されています。確かに一見魅力的ですが、よく考えてみてください。この景気刺激策は、一時的なもので、永続性はありません。それどころか、人吉・球磨の最大の財産である美しい自然・清流川辺川・球磨川を魅力ないものにしてしまうのです。

この本の巻頭の川辺川でラフティングを楽しむ若者たちの写真を見てください。川辺川ダムが出来てしまえば、確実にこんな光景は見られません。観光産業のダメージは、想像以上に大きいかもしれません。黒川温泉や湯布院温泉のように、観光客によって民間が潤えば、民間の設備投資も増加し、ひいては建設業も潤うのです。

確かに公共事業は大切かもしれませんが、その質的な転換をこそ考える時なのです。それを決めるのは皆さんなのです。皆さんの良識が問われているのです。子や孫のためにも良識ある選択が求められているのです。

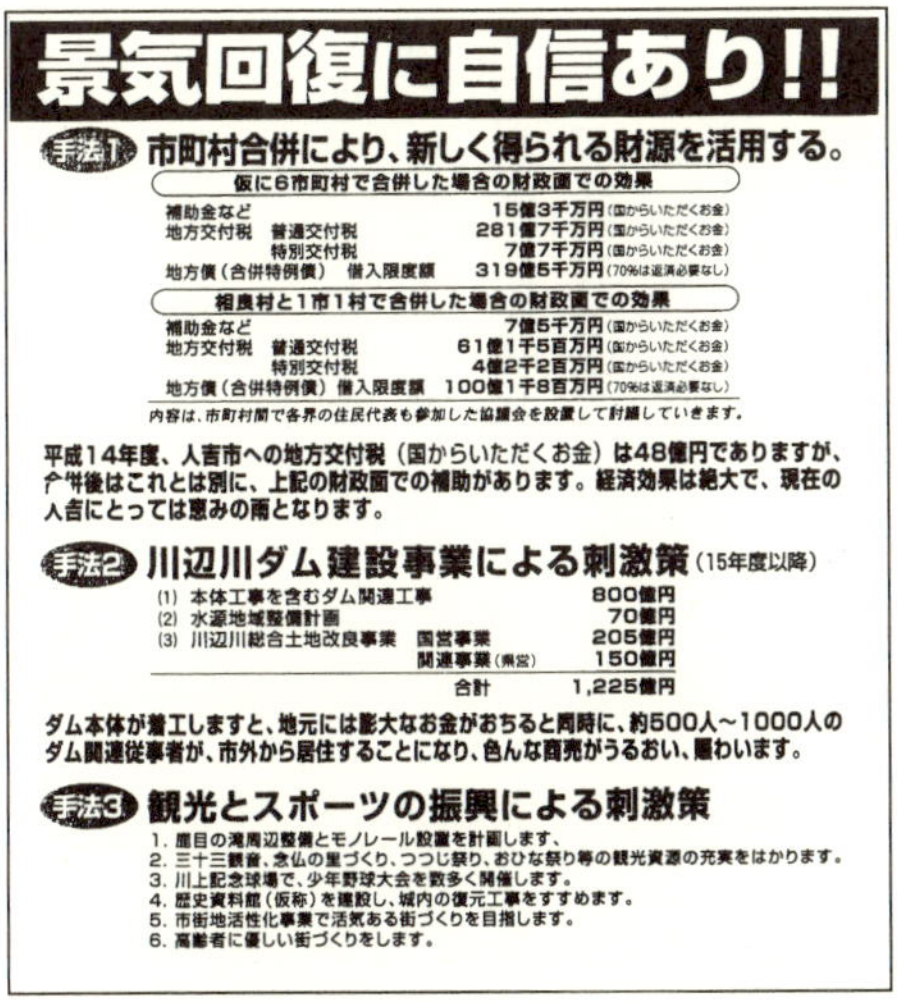
景気回復に自信あり!!

手法1 市町村合併により、新しく得られる財源を活用する。

仮に6市町村で合併した場合の財政面での効果

| | | | |
|---|---|---|---|
| 補助金など | | 15億3千万円 | (国からいただくお金) |
| 地方交付税 | 普通交付税 | 281億7千万円 | (国からいただくお金) |
| | 特別交付税 | 7億7千万円 | (国からいただくお金) |
| 地方債（合併特例債） | 借入限度額 | 319億5千万円 | (70%は返済必要なし) |

相良村と1市1村で合併した場合の財政面での効果

| | | | |
|---|---|---|---|
| 補助金など | | 7億5千万円 | (国からいただくお金) |
| 地方交付税 | 普通交付税 | 61億1千5百万円 | (国からいただくお金) |
| | 特別交付税 | 4億2千2百万円 | (国からいただくお金) |
| 地方債（合併特例債） | 借入限度額 | 100億1千8百万円 | (70%は返済必要なし) |

内容は、市町村間で各界の住民代表も参加した協議会を設置して討議していきます。

平成14年度、人吉市への地方交付税（国からいただくお金）は48億円でありますが、合併後はこれとは別に、上記の財政面での補助があります。経済効果は絶大で、現在の人吉にとっては恵みの雨となります。

手法2 川辺川ダム建設事業による刺激策（15年度以降）

| | | | |
|---|---|---|---|
| (1) | 本体工事を含むダム関連工事 | | 800億円 |
| (2) | 水源地域整備計画 | | 70億円 |
| (3) | 川辺川総合土地改良事業 | 国営事業 | 205億円 |
| | | 関連事業（県営） | 150億円 |
| | | 合計 | 1,225億円 |

ダム本体が着工しますと、地元には膨大なお金がおちると同時に、約500人～1000人のダム関連従事者が、市外から居住することになり、色んな商売がうるおい、賑わいます。

手法3 観光とスポーツの振興による刺激策

1. 鹿目の滝周辺整備とモノレール設置を計画します、
2. 三十三観音、念仏の里づくり、つつじ祭り、おひな祭り等の観光資源の充実をはかります。
3. 川上記念球場で、少年野球大会を数多く開催します。
4. 歴史資料館（仮称）を建設し、城内の復元工事をすすめます。
5. 市街地活性化事業で活気ある街づくりを目指します。
6. 高齢者に優しい街づくりをします。

福永浩介人吉市長のリーフレット

## 一人の政治家による川辺川ダムの賛否論——あなたはどちらを信じますか

平成十五年の人吉市長選に出馬を表明した土屋歳明県会議員の県議会での発言（ダム賛成論）と彼の市長選の事務所開きでの挨拶（ダム反対論）を載せて対比してみたいと思います。土屋氏も四十歳代の若い頃は情熱漲る郷土愛に満ちた素晴らしい政治家と伺っていました。しかし、熊本県会議員の多くは県民の民意とは反対にどうして川辺川ダム推進の陳情をするようになるのでしょうか。私には理解に苦しむ所です。土屋氏が短期間でダム促進からダム反対にどうして変わったか、その理由は知りません。彼の本音は事務所開きでの素晴らしい挨拶だと私は信じます。

### 平成十三年、土屋議員の県議会での発言【ダム賛成】

次に、私は、二番目に、川辺川ダム問題を質問してまいりたいと思います。昨日から非常にいろんな議論が出てまいりまして、私達にも本当に勉強させていただいたわけでありますが、実は私も、一昨日でありますが、五木の村長を初め村会議員の皆さん、あるいは照山さん、その代表、こういう皆さんと同道いたしまして、そして、そのつらさというものを今更ながら拝聴をし、同情申し上げたわけであります。私は、最終的にはそういうものを通じながら知事にお訴えを申し上げたいと、このように思うわけであります。

球磨川は、私は、本当に天下の暴れん坊だと、このように思っております。私は昨日調べました。昭和三十年代十年間に五十五名の行方不明者、そしてこれは死傷者、傷ついた人もおりますけれども、大体死者と行方不明者が大部分だろうと思うのでありますが、五十五名です。昭和四十年代に十年間、これは死者であります。十四名。五十年代十年間に十二名。合計八十一名のそういう貴い人命をなくしておるわけであります。(注この部分の陳述が真実かどうかは、一五〇頁の「川辺川ダムで人命は守れるか」を参考にしてください。土屋氏と同じように誤解している人が多いと思われます。)

私は二週間ぐらい前であったと思いますが、五木の庁舎の起工式にご案内いただきました。その時はちょうど松村先輩が公務で欠席をされました。私と松田議員と二人でまいりました。そして挨拶をさせられたわけでありますが、その時私は率直に申し上げたわけでありますが、皆さんがこのように頭地の下の所から上に一〇〇メータぐらい上に上がって来られる、そして三十何年苦しんで来られて、どうしようか、どうしようかと言うことで最終的にはここに移住される、そういう点を考えますと、これはすべて、我々下流域の球磨川下流域の住民のためにそうしてもらうんだと思ったら、皆さんになんとお詫びをしていいか私は本当に言葉もありませんということを冒頭に申し上げました。

そして、しかしながら我々は下流域の住民としてやはりそれ相当な苦労をしてまいりましたと。

自分は人吉市矢黒町という所に住んでおりまして、その球磨川のほとりであり、そして私達の町の球磨川の前にデルタ地帯がございます。一〇ヘクタールぐらいございます。そこに十数件、大正の初めに移住して来られたわけであります。そこで砂地を相手に農業をやってこられた、あるいは柿を植えられた、そういうことをずっとやってこられたわけでありますが、デルタでありますから、もう洪水というならそこが一番にやられる。そのため私達はもうおやじの代から消防団で、いつもその皆さんを早く安全地帯に船で運んで、そして食料を運び、消防団と婦人会共同作戦で、年に三回ぐらいずっとやってまいりました。

そして、一番私達がまいったのは、やはり昭和四十年七月三日の大洪水であります。その時はもうほとんど私達はこちらの方にみんな船で運んでおりましたけれども、二軒だけが残っておりました。まあまあいろんな理由で遅れたわけでありますけれども、さあ二軒残ってその二軒ともわら屋根であり、それがもうぷかぷか浮きだした。もうちょっと向こうに行くと本流であります。

昭和40年７月３日の大洪水前の人吉市矢黒町の土屋歳明氏のいわれる所のデルタ地帯の写真。大洪水後の河岸改修現在の球磨川にはこのデルタ地帯はなくなり、河幅は約二倍に拡張され、現況河道流量は約1000トン近く増加しているのもうなづけます。しかし、驚いたことに、国交省の川辺川ダムの基本計画は、河岸改修前の河道流量で試算されているのです。

こちらの方もデルタを挟んで中洲になって私達の目の前は激流が走っておるわけであります。そういうところでその二軒の、一家が五人ほど確かおられたと思います。もう一戸が一人であります。助けようとしましたけれども、その激流を消防団で行く勇気のあるものはおりませんでした。まず自分の命をはめにゃいかぬ（犠牲にしないといけない）。とてもみんな逡巡して出ませんでした。

その時、その当時、そうですね、七十近いおじいさんが叱りつけました。「ほかの者は助けんとや。誰も行ききっとはおらんとや」と厳しく叱りつけました。それで、船の扱いが一番うまい四十ぐらいのおじさんとそして消防団が一、二名乗りました。パンツ一枚です。もう上は裸。いつ飛び込んでもいけるような、そういう状態で。まっすぐ行けないんです。ずっと上流まで漕いで上がりました。そして、その激流を下りながらデルタ地帯の淀んだ所に行って助けにゃいかぬ。

五人は家を……もうわら屋根がこうやっておる。子供は足が短いですから下に落ちるんです。それをそこのおやじさんは下に走っていって、屋根を走って行ってというのはおかしいんですけども、降りて行ってそしてその子供をつかまえて、そして奥さんにふり上げる。そういうことをしながら船の来るのを待っとったんです。そして船がやっと、もう本当に三角地点に行くみたいな格好で行って、そしてその五人の皆さんのところに行きました。そしてもう子供を早う投げない、投げて、そしてあたも（あなたも）後から来なっせということで船にやっと五人収容いたしました。

そして、もう一軒はおばさんがおりました。ところが、そのおばさんの家はおばさんが乗ったなりにどんどん沖の方に行くんです。なぜそういうことになるのかと言いますと、その五人おった人の家は、一番本流に近いんですけれども手前の方に来たんです。水は増水する時は真ん中に集まって来て、それが今度は分かれて岸の方に増えていく、その波にのってその家はこちらに来たんです。ところが岸に当たりますと、今度はまたぶり返して来ます。そのぶり返しで一軒のおばさんの乗った家はどんどん本流の方に行って、そして、家ごとそのおばさんは私達の見とる前で一瞬の間になくなったんですね。その時に確か六名、球磨川の洪水で亡くなっとると言うことを記憶で知ったわけでありますけれども、そういうことを私達は何十年とやってきながら見てきました。

もうこれくらいでよかばい、何とかひとつ国の方で、県の方で考えて、球磨川の洪水ば何とか止めてもらわんことには、もう私どもも、助ける側も助けられる側も、もうよはなかな（よくはないか）と、何とかしてくださいよというのが我々の球磨川端におった人間の切実なる叫びであったわけであります。そしてすぐさま一市十三町村の首長さん、そして議長さん、その当時の県議会議員さん、こぞって県に陳情に行き、そして建設省にいって今日まで続いておるというのが川辺川ダムのいわゆる歴史であります。

今、三十四年たっとるというふうに聞いておるわけでありますが、私は、下流域のために、本当に初めやはり反対もあった、色んなことで五木はもめたと思います。しかしながら、もうみんなが、ほんなら反対せずにみんなダムを造ることに賛成してやろうというて決まった時に、確か当時の県知事が細川さんであったと思います。細川さんがテレビに映りましたけれども、涙を流しておられました。それくらいやはりこの問題は、深刻な問題であって、そしてやっとこれで肩の荷がおりたなという気持ちであったろうと、このように思うわけであります。

そういう我々の気持ちも一つ皆さんお察ししてください。そして一番我々が考えてやらにゃいかぬのは、五木やら相良の犠牲になる人達であります。何か一つ早く川辺のこのダムを造ってやって、そしてあの人達を心から安堵させていただきたい、このように思うわけであります。この点につきまして、私は潮谷知事の本当に五木の皆さんを考えてくれるそういうコメントを心からいただきたいと思いまして、私の質問をこれで終わります。

（中略）

只今。知事の方から御答弁をいただきましたが、どうぞ一つそういう五木村を初め球磨川流域の住民の心を安定させるために、一日も早い川辺川ダム建設のためにご尽力を頂きますように心からお願いを申し上げまして、次に移ります。

**平成十五年、土屋歳明事務所開きにての土屋氏の挨拶【ダム反対】**

ダム反対だけではこの人吉は良くなりません。基本ではあります。基本ではありますけれどもそれに付随するところの、あるいはそれと一体となるところの生活、一体どうすればいいのかということ、そこらあたりは私は考えていかなくてはいけないと私はこう思うのであります。

問題から申し上げます。私は二十数年という間、市会議員の二十年という間、このダム対策特別委員会の事務長も八年やりましたし、色んなことを経験し、一切それを見てまいりました。皆さん、考えてみてください。まず昭和三十八、九年に完成いたしました、四

国早明浦ダムという西日本で一番大きなダムが高知県の、あの四国のですね、一番山の高い所の山の麓にダムが出来ております。それが出来まして翌年か翌々年、ダム周辺に集中豪雨がありまして、そして二〇〇〇数カ所が山崩れが起きまして、ダムが全く泥湖となったわけであります。そして溢れた水はそのダムから越えようとしている、その怖さというものをそこの町の町長さん始め、助役さん、そしてそれぞれの家庭が私に縷々説明してくれました。市会議員のダム対策特別室の皆さん方全部その話を聞いておるわけであります。

その怖さといったらありませんでした。しかもその泥田の中からなんから流れてくる水は泥水で、吉野川の一番出口は、海の出口は徳島県で、島の海に三カ月間、ずうっとその泥水が流れておった。

そういうところで魚が住めますか。生きておったのは、鯉とフナだけであった。あとの鮎を始め魚はほとんど死滅してしまった。このようなショッキングな話を聞きにまいったわけであります。

その他にそこの宮崎県に一ツ瀬ダムがあります。一ツ瀬ダムのいわゆる源流というのは市房山の裏であります。皆さん、あの東京から鹿児島空港に降りようとする時にあの山を通ります。あの下を見てくださいよ。あの山すべりというものがいかに広大なものか、あれが一ツ瀬ダムに全部水が溜まります。その泥水はどこにいきますか。下流のあちこちのビニールハウスの中のパイプに詰まってしまって、そのために九州電力は何億円という賠償金を払った。それくらい大変なことであるわけであります。私はそういうものをずっと見てまいりました。

しかしながら県会議員になりまして私は、ダム反対とそういう問題を今の川辺川ダム問題というのはほとんど議論がされなかった。やはり、最近になってまたこのように川辺川ダムの問題が勃興してきたわけであります。その時は土屋さんなんでダム賛成にまわったとな。こう言われるわけであります。

私は保守系の無所属であります。保守系の所属の中で私は六人か八人のリーダーであります。そのなかであんた達はどげんするとな……ということでダムは賛成ですよと言うことは、一般質問そういう一面に起きまして、私は大きなことは言ってないわけであります。

そして私がダムの問題についてなるほどと思いましたのは、昨年ずっと県政報告会で、人吉中を回りました。二十何カ所、公民館やら農協の二階やらでお願いして回ると、その時は一〇〇人、あるいは五十人、八十人、一五〇人とたくさんの人がお集まりいただきました。その時に私に質問の矢は何であったか。ダム問題がほとんどであります。そのダム問題で質問をされたのは何であったか。

「土屋さん、今は人吉の政治は民主的しとんな？」

「それはどういうことですか」

「今見てんない、あの市民と市民の住民投票条例の有無ということで反対派が署名をした。それが人吉の市民の六割以上でておった。そして市会議員の若い人はしっかり反対で占めとった。それが直前になってコロッと変えられた。これはおかしかとじゃなかとな？市民の六割以上の皆さんがダムは一つ見直して欲しいという希望があるにも関わらず、それをやろうとしない政治というのは民主主義ですか？」

そういう話になってきたわけであります。それに対して皆さん、私はこう答えました。

「それは民主主義とは言えんですよな。それは世の中、民主主義の基本は多数決であり、その決定とならばそれは皆さんが言われる通り、あくまでも条例を通して、そして市民の、その投票をやって、その上でダムを作るか作らないかを決めるというのが、最も理想的な民主的なやり方ではなかろうか」と。

当たり前の話をしたわけであります。それをだんだんあちこちから聞きましてやはり人吉の市民は本当に実際のところ、私はダム反対絶対反対と言う人と、どちらかというとおれは反対じゃもん、ダムはいらんもんなと言う人と、濃淡があります。しかし、全部ひっくるめますと、まさに私は七割は超える、反対派の声は七割を超えるということを、私は一軒一軒巡ってまいりまして、皆さんの意向を正しているわけであります。そのような中で勿論心配もございます。それは何か。私は農民であり、例えば郡部の方におきましては、その水を使ってそして農作物を作ろう、園芸作物を作ろう、あるいは果物を作ろうという農民がおる。それを断ち切るわけであります。私は農民の一人として本当にこの点はすまないなという気持ちも勿論あります。

しかし皆さん、人吉の真中を通っている球磨川が、水がちょろちょろしか流れない、そして、その周辺は荒れてしもうとるような球磨川、皆さん、想像出来ますか。そのような人吉に皆さん愛着がもてますか。私はやっぱり今の自然の球磨川の流れ、美しい流れ、そして周辺のあの綺麗な山、そして作物の畑田んぼ、そういうことが私は人吉の本当に、残された特産物であると、このように思うわけであります。

私は何にもかえがたく、この自然を思っていくというのがこれからの政治ではなかろうかと、このように思います。大きな仕事をやれば大きな金が動きます。どうしても公共的な仕事をやりたくなるのがそういうお金の欲しい皆さんであります。これで皆さん、大き

川辺川で舟での蟹漁（撮影・江口司）

なお金、税金であり、皆さんのいわゆる血税が集まって、ダムを作り、大きな建物を作りあるいは道路が出来ていくわけであります。それが一部の人々のポケットに入っていく、あるいはダムあたりに。

考えてみなさいよ皆さん。それをゼネコン、東京、大阪のゼネコンが担当の指名に出てきます。人吉球磨の建設業はその下請けであり、孫請けであります。お金は大部分が東京、大阪に行ってしまうわけでありまます。これを皆さんどう思いますか。そういう公共物を建てることによって人吉球磨の経済は成り立っておるか。確かにそこで働く労務者の従業員の皆さんのポケットには、給料として入るかもしれません。ところが一時的なものであり、結局は同じことであり、自分達が出した税金がそれを一時的に自分達がお金をもらった、わずかなお金をもらったと、それだけのことではないでしょうか。

私達は何の建物を作った、何億動いたげな、何千万あっちの方に行ったげな、こっちの方に行ったげな、そのような話を聞いていて、市民として一所懸命やろうという気持ちが起きますか。本当にそういうことすべてスッカラカンにわかった、情報の公開された、そういう社会でないと皆さんの協力は得られませんよ。私は大事なことはそこだと思います。誰でも自分達の税金がいつのまにか一部の人々にちょろまかされて、そしてまた作って、また作って、なにあいどん（なに、あいつら）は、自分のポケットに入るために作るとな、そういう風なことでは皆さん、私達は納得できない、それが一所懸命皆さんが人吉の建設のためにやろうという気持ちをそいでいく。そういうふうに私は思うわけであります。

いろいろと申し上げました。私は最近こういうことを皆さんにチラシで配ってまわりました。それはダムを作るということがそれで果たしていいのかということを改めて皆さん方に申し上げる。これは私は市議会の入りばなに聞いたもので、具体的な話ではありません。しかしながらこういうことであります。

それは相良村の藤田というところにあのダムはできる計画であります。ところがある団体が、その前に自分達が作ろうと計画したというのであります。ところがその計画をしてそれを調査したところが、これは大変なところだ、ここにはこれを作っては危険だということで取りやめた。その後に国土交通省がそれをまたやろうとして、一体この点は調査は十二分になされているのかという心配があります。その予定地のちょっと上の所に国道四四五を十数年前に作っておりました。作っていたところがばぁんと途中からそれが崩落した。崩落したために、それをまた下から全部築き上げて作り直すのに、相当な時間がかかった。もう一方の対岸では新しい道を造ろうと上から山がどーんと川まで落ちてしまって、今は皆さん方は、あの瀬目というトンネル、あの辺りから見てみますと、対岸にアンカーがずーっと打ってあります。もう崩れないためにアンカーをずっと打って、ものすごい広い面積である。そういうそこでもここでも非常に危険なところであることを、私達は最近になって知ったわけであります。

そこで私は今度三月の五日に予定しております一般質問の中で、まず潮谷さんに私はそのような危険な、もしもそこで崩壊してダムが流れ出したとして、ダムの下流の二五万の人口はどうなりますか、生命財産は一体どうなりますかということを聞きたいと。あの人はこの問題については大変理解がある人と思っております。基本的な問題を私は聞いてみたいなとこのように思うわけであります。(以上)

付記　土屋歳明氏が詳細に述べておられる昭和四十年七月三日の人吉大水害が、川辺川ダムの計画の契機だったと国交省・川辺川工事事務所の住民向け説明資料や九州地方建設局発行の「暴れ川」球磨川の水害記録集で記述されています。ところが、この水害の原因が驚いたことに、治水目的を含めて多目的ダムとして昭和三十五年に球磨川上流に完成した市房ダムの放水だったのです。そのことは、国や県は認めていませんが、矢黒町に住んでいた川越重男氏（石亭の館の主人）をはじめとして、多くの人吉市民は知っています。川越重男氏によれば、市房ダムの放水の経時的記録を詳細に調べると、はっきりしたことがわかると言っておられます。私の編著の『川辺川の詩』（海鳥社）の九四頁から一〇一頁に、昭和四十年の水害体験者の生の声をのせています。多くの体験者の生の声は、市房ダム放流が大水害の原因と言っているのです。

川辺川ダムによる治水を、七割以上の人吉の人が望んでいないのも、このことを知っているからに他なりません。ダムによる治水を望んでないだけでなく、人吉の人達は、市房ダム完成後の球磨川が、その後どのように変化してきたかを身をもって体験してきているので、本心はダムを欲しくないのです。

代替地に造られた砂防ダム（撮影・江口司）

# 人吉の生きる道

球磨川・川辺川は何でしょうか
母なる川
憩いの川
恵みの川
それとも
宝の川

私達にとって、球磨川・川辺川は何でしょうか
命の川なのです
川辺川ダムによって
球磨川・川辺川を傷つけることは
自分の首を自分の手で
しめつけているような行為なのです

人吉の生きる道
それは球磨川・川辺川を中心とした
自然を生かした観光産業の振興以外に
ないと思います

付記　今回の人吉市長選挙で村上恵一候補と田中信孝候補が観光産業をいかに振興させて人吉の街づくりをしていくかを力説していました。そのために美しい球磨川なくして成り立たないことを村上氏は主張していたのに対して、川辺川ダム促進を訴える福永氏の選挙対策本部の女性部代表有村政代さんの福永支持を訴える活動は目を見張るものがありました。しかし、私や私の妻の友人である有村政代さんは人吉を代表する「グランドホテル鮎里」の女将でもあるという事を考えると、私はどうしても腑に落ちないのです。

有村政代さんは、川辺川ダムが完成してからの「グランドホテル鮎里」の将来をどう考えているのでしょうか。人吉の旅館業界のためにも、私達は川辺川ダムがない方がいいと切実に訴えているのに、彼女はダムを造る運動に加担をしています。こんなきれいな川でのラフティングは例をみないと訪れた人が口を揃える、九州内で唯一球磨川だけで体験出来るラフティングを「球磨川下り」と並ぶ新たな観光の柱にしようと人吉温泉旅館組合などがいろいろ企画を考えています。川辺川ダムは、川辺川や球磨川のラフティングに本当に影響ないのでしょうか。

ラフティングを楽しむ若者たちが例外なく全員、ダムは造ってほしくないという訴えに謙虚に耳を傾けてほしいと思います。川辺川ダムが出来てしまえば、彼女の子や孫が親の行動を大いに悔やむことでしょう。私はそう思います。

平成十五年六月二十一日の「熊本日日新聞」は地域流通経済研究所（熊本市）の試算として、熊本の観光が年間五四四二億円の経済効果と約六万人の雇用を県内にもたらしていると報道していました。

観光の経済効果は、県の基幹産業である農林水産業の年間産出額の四三〇六億円を上回り、雇用は県内の建設業従事者数七万二二一三人に迫る勢いです。同研究所は、既存産業が伸び悩む中、すそ野の広い観光産業は次世代のリーディング産業として大いに期待されると注目しています。このことは、まさに今後の人吉の生きる道を示唆しているようです。このためにも、私達は美しい球磨川・川辺川を守る責任があるのです。私達にとって球磨川・川辺川は、命の川なのです。恵みの川なのです。宝の川なのです。

人吉旅館組合の皆さん、市長さんに気がねせずに私達とともに球磨川・川辺川を守る運動に参加しようではありませんか。宿泊客が一万人増えると経済効果は二億六二〇〇万上積みされると、地域流通経済研究所は推計しています。

平成15年４月20日村上氏の出陣式後の１コマ。支援団体の１つであるカヌー愛好家の皆様と一緒に球磨川でカヌーをこぐ村上氏と市花保君。市花保君はラフティングのインストラクター（リバーガイド）として生計を立てています。もし川辺川ダムでラフティングに影響が出るならば、国交省は球磨川漁協に補償金を支払えばよいとするだけでは不十分です。川辺川・球磨川を生活の糧としている人は、市花君のように多いのです。球磨川下りに影響が出たとき補償するのでしょうか。訪れる観光客の数が減少すれば他方面に影響が出ますが、その補償は何も考えられていません。尺鮎を求めて全国より訪れる太公望も多いのです。その影響を誰が補償するのでしょうか。ダムの影響は計り知れないのです。

球磨川のラフティングのスリルに興じる若者たち。次世代の人吉市のリーディング産業である観光の目玉は「球磨川下り」と「ラフティング」であろうと思います。これらは、本当に川辺川ダムが出来てもこれまでと同じようにきれいな川で水量豊かな川で出来るかどうかはとても疑問です。

今、人吉には年間約七〇万人の観光客が訪れています。旅館業の皆さんだけでなく、人吉市民の英知を結集して観光客を増やす手段を考えようではありませんか。次世代のリーディング産業は観光業をおいてないのです。

幸いなことに、平成十五年の第二次構造改革特区に人吉・球磨地方が「森林の郷・農林業げんき特区」に認定され、今後は、農家民宿（ペンション）、市民農園などが規制緩和され、観光産業の一つとしての農業観光も大きくクローズアップされると考えられます。

知恵を出せば、相良四〇〇年の歴史ある人吉・球磨の観光産業は、大きく発展出来るのです。

川辺川でのラフティング

# 正しい選挙

江崎レオナの創造性五カ条
（ノーベル賞のための必要条件）
（1）しがらみにとらわれるな
（2）大先生の意見をうのみにするな
（3）無駄な情報は捨てよ
（4）戦うことを避けるな
（5）初々しい感性を失うな

大義のない川辺川ダムを安楽死させるための五カ条
（1）しがらみにとらわれるな
（2）御用学者の意見をうのみにするな
（3）間違った情報は捨てよ
（4）戦うことを避けるな

（5）初々しい感性を失うな

正しい選挙のための六カ条

（1）しがらみにとらわれるな

（2）首長・社長の意見をうのみにするな

（3）間違った情報は捨てよ

（4）戦うことを避けるな

（5）初々しい感性を失うな

（6）お金で誘惑する人には投票するな

ノーベル物理学賞を受賞した、江崎レオナ博士の創造性の五カ条は、大義のない川辺川ダムを安楽死させるための五カ条、正しい選挙のための六カ条と、類似点が多いことに驚かされます。川辺川ダムは、とても認められない、相容れないという感性が、今求められているのです。今回の市長選挙での私達の選択は明白です。あなたの一票が、清流球磨川・川辺川の未来を決めます。人吉の未来を決めます。

付記　以上は市長選の二週間前に「週間ひとよし」に投稿したものです。平成十五年三月十

平成十五年四月二十四日、ＪＡ球磨における村上陣営の総決起集会。川辺川ダムの安楽死のために村上選挙事務所には、重松貴子さん、川辺敬子さん、板東博暁君など多くのボランティアが結集し、正しい選挙を実践した。

二日の人吉市議会で、立山勝徳議員は憲法第十五条「全て公務員は、全体の奉仕者であって一部の奉仕者ではない」の条文に照らして、市長は市民に対して公平・公正に対応されたのか、更に市の執行部は、福永市長の選挙活動の補助機関なのか、の視点から、次の一般質問をされていました。

一、市長の後援会事務所開きでの挨拶でダム反対の市民を「バイ菌」と言ったのは差別ではないのか。

二、昨年十二月二十七日、突然行われた福永市長支持者の昇進など人事異動への疑問。

三、市幹部職員同士の懇親会に、福永後援会の幹部が出席され、選挙の協力要請と感じられる挨拶をされたこと。

四、市長秘書室におかれた市長の写真入りの名刺と選挙用のパンフレット、また、警察の立ち入り指導が行われたこと。

五、触れ合い市政体験ツアーの真の目的とツアーでの市長・助役の選挙運動と思われる挨拶の内容について。

立山市会議員による市議会での質問でもわかるように、多くの市民は福永市長の選挙運動を市の執行部は公然と行っていると疑問を抱いていました。聞くところによると、不在者投票の依頼に爆弾（紙幣）がばらまかれるなどして、その影響か、不在者投票数は、驚異的な数（二五九六票）にのぼりました。これは総投票数の実に一〇パーセント以上です。不在者投票が一〇パーセントを超える選挙は、めったにお目にかかれません。

不在者投票を除くと、選挙結果は違っていたとの噂さえあります。都市でこのようなことが行われるならば、間違いなく警察に検挙される選挙違反です。そう思ったのは私一人でしょうか。

## 怪文書の不快感

村上恵一氏及び田中信孝氏への個人的な中傷の怪文書は、各一通ずつ私のところへも郵送されてきました。不快感極まりないものです。更に投票日直前には、あたかも村上陣営より出したかのような怪文書（「市政刷新市民の会」の名義にて）も一つありましたが、これは私達が出したものでは決してありません。

熊本市消印の八十円切手を貼った手紙で住民投票条例を求めた署名をした一万七〇〇〇名全員に出しているようですので、郵送料だけでも一五六万円もかかります。その内容の非常に高等な戦術に驚かされます。

村上恵一氏を中傷する怪文書が住民投票を求める署名活動の受任者中心に出され、「市政刷新市民の会」の怪文書（熊本市消印）が住民投票を求める署名活動の署名者に出されているので、「住民投票を求める会」のデータが利用されたと考えざるを得ません。そのデータを持っている人はそう多くはないのです。参考までに市政刷新市民の会の怪文書を次に載せています。

ご存知ですか?

市長選に立候補している田中信孝氏は、県内有数の大手建設会社の支持を得るため、ダム反対の立場をすてました。

田中氏は得意の弁舌で、ダム反対の人たちにはもっともらしくダム反対といい、ダム推進の人たちには、当選したら市長としてダムは絶対反対しないと密約しています。

私たちは、このような田中候補にだまされてはいけません。

民意をくみとり、真の川辺川ダム反対の村上候補を市長に当選させ、無駄なダム事業を国に断念させましょう。

福永氏もしくは、亜流の田中氏ではなく、まじめな村上氏の市長選勝利を勝ちとりましょう。

市政刷新市民の会

「ご存知ですか?」これは私がよく使う書きだしです。あたかも私が出したように見せかけて、私が田中氏を攻撃しているかのようにしている高等戦術です。少なくとも、私達の村上陣営は、多くのボランティアの活動のもとで、正々堂々と選挙戦をおこなったことだけは誇れます。

## 福永氏五選達成

| 市長選挙確定得票数（投票率　八四・九八％） | | ダムに対するスタンス |
| --- | --- | --- |
| 当七、九五六票 | 福永浩介（六十三歳） | 促進 |
| 次七、二八七票 | 田中信孝（五十五歳） | 慎重（住民投票） |
| 六、三九三票 | 村上恵一（四十七歳） | 反対 |
| 二、二九二票 | 土屋歳明（七十歳） | 反対 |
| 九八〇票 | 家城正博（五十四歳） | 慎重（住民投票） |

ダムに対するスタンスでみた時、促進、慎重（住民投票）、反対が見事に三分の一ずつに割れています。仮に促進以外が全て一本化しなくても、二人の慎重派の一本化でも八〇〇〇票を越えるし、二人の反対派の一本化でも八五〇〇票を越える計算になります。どうして一本化しなかったのか改めて悔やまれます。

私は信じたくもないし、信じてもいませんが、家城氏と土屋氏の選挙資金は福永氏側近より出たと噂する人もいます。もし、それが真実と仮定するなら、唯一促進の福永氏に勝つ一本化

平成15年４月24日ＪＡ球磨における村上陣営の総決起集会終了時の皆さん。ダム反対をし、川辺川ダムの安楽死を求める活動のために多くの同志が結集した。今後ともこの同志は、川辺川ダムの安楽死をおさめる活動を続ける覚悟。前列中央が村上御夫妻と私。市長選に敗れはしたがダム反対のうねりは次第次第に大きくなっています。本当のダム安楽死までもう一歩のところまできました。

は田中氏・村上氏の大同団結しかなかったということになります。

当選日の四月二十八日未明、鏡割りの後マイクを握った福永氏は「景気も心配されるので一日も早く川辺川ダムを着工していただき、郡市に明るい日差しを見いだして欲しい」と経済効果一辺倒の挨拶をされました。

当選後の四月二十八日の「熊本日日新聞」のインタビューに答えて福永市長は、「厳しい経済状況の中、莫大な事業費が投じられるダムの必要性（を訴えた主張）は市民に届いたと思う。建設業界も必死になって応援してくれた。ダムを造る人間が悪の権化のように言われるがダムによる経済効果を期待することは悪いことではない。

今回の選挙で四年に一度の市民の審判も仰いだ。引き続き、一日も早い本体着工に向けて取り組んでいきたい」と再々のダムによる経済効果を力説されています。

しかし、この発言に対して潮谷義子知事は不快感を示しておられます。それが普通の感性なのです。私にはそう感じられます。

福永氏の川辺川ダムに対するスタンスはいつも経済効果が中心で、完成後の自然の破壊、水質の悪化、観光産業の損失などは、全く考慮してないように見受けられるのは、とても残念でなりません。郷土を愛する人は誰でも大義のないダムは造って欲しくないと考えるのです。これが自然なのです。

福永氏当選の確定した平成十五年四月二十八日の「熊本日日新聞」へのインタビューに対して、潮谷義子熊本県知事は、「当選した現職の票は（投票数の）三二・九パーセント、（反対・慎重を掲げた）四人は六八パーセントもあり、ダムだけでみれば多様な意見がある」と、熊本日日新聞社が投票日に実施した出口調査で、「ダム反対」と「住民投票の実施」が合わせて六〇パーセントを越えたことなどを基に「ダムだけに絞ったら、六割以上が事業推進に慎重姿勢を示したことになり、環境を考える中で地域住民の意思が確実に変化している。市長自身が今後どう考えていかれるのかを見極めて行きたい。選挙結果だけで県が事業推進に傾くということは一切ない」と明言されました。

市長選は極めて残念な結果でしたが、潮谷義子知事のお言葉には救われた気持ちになり、今後とも同志と共に、川辺川ダムの安楽死を求める活動を続ける覚悟です。まだまだ私達の闘志は縮んではいません。

# 川辺川ダムよ安らかに天国に行ってください

誕生をめぐり
多くの人々を悩ませてきたダムよ
多くの人々を苦しめてきたダムよ
少しの人々が潤ったダムよ
生みの苦しみが三十七年間続いたダムよ
私に多くの事を教えてくれたダムよ
もともとあなたは無理な出産計画なのです
郷土の人は誰もあなたの誕生を
望んでいなかったのです
美しい自然を愛する人は誰も
カヌーイストも
ラフティング愛好家も
尺鮎も

アオハダトンボも
クマタカも
イツキメナシナミハグモも
ツヅラセメクラチビゴミムシも
あなたの誕生を望んでいない
川辺川ダムよ
安らかに天国に行ってください
どうかそうしてください
私も安心して眠れます
人吉の人々の心の亀裂もなくなります

合掌

「生まれ　生まれ　生まれ　生まれて生の始めに暗く　死に　死に　死に　死んで死の終わりに冥(くら)し」

弘法大師　空海

## あとがき

人吉市民でも、本心ではダム反対の人は七割を越えます。村上恵一氏も、土屋歳明氏も市民を一軒一軒訪ねてそのことを実感したと言われています。治水も利水も大義を失った川辺川ダムを、ただ経済活性化のために造るということは本当に恥ずかしいことです。

人吉・球磨地方では確かに一時的な経済効果があるかも知れませんが、日本全体にとっては、投資にみあった経済効果があるかどうかは非常に疑問です。米国の大手証券会社モルガン・スタンレーの主任エコノミストのロバート・フェルドン氏は、平成十四年九月一日の長野県知事選挙の二カ月前に興味深いリポート「長野の決戦」を投資家に発表しています。その要旨は次のようなものです。

「長野県の知事選は、日本の政治闘争の縮図と分析できる。日本経済が効率性を高めることができるか、あるいは停滞から衰退へ至るかを見極めるうえで重要な判断になる。田中康夫氏が勝って長野で改革を求める声が高まれば、政府の改革も全国規模で進まざるを得ない。ダムのような公共事業を見直し、医療や教育といったほかの分野に資源（税金）を配分することが、日本経済の効率化に役立つ」

米国の証券会社は、川辺川ダムに何の利害もありません。その主任エコノミストも、日本経済の効率化のために、田中康夫氏の当選を期待し、暗に巨大ダムの建設に警鐘を鳴らしているのです。

残念ながら、ダム反対を訴えた村上恵一氏は落選し、ダムによる経済活性化を訴える福永氏が五選を達成しましたが、福永氏当選の確定した平成十五年四月二十八日の潮谷熊本県知事の「当選した現職の票は、（投票数）の三二・九パーセント、（反対・慎重を掲げた）四人は六八パーセントもあり、ダムだけでみれば多様な意見がある」そして最後に「選挙結果だけで県が事業推進に傾くということは一切ない」と言われた言葉に、私達は救われた気持ちになりました。

人吉市長選挙の十九日後の五月六日、福岡高等裁判所は川辺川ダムの利水事業の控訴審で、「同意書に本人が署名し押印したとは認めがたいものが含まれる」などと農水省側の不正な署名・捺印を指摘し、農民（梅山究原告団長）側の逆転勝訴の判決を言い渡しました。この勝利判決は、人吉市長選で落胆したダム反対の多くの人々には、希望の光、あるいは神の声に聞こえました。そして熊本県収用委員会も、ダム反対の土地所有者が審理再開を求めていた五木村の土地についても、利水判決を踏まえて審理を再開することを決めました。

多目的ダムである川辺川ダムの一つの大きな目的の利水がなくなれば、その建設目的に明白かつ重大な瑕疵（かし）があったということになり、公約に従って漁業権の強制収用も却下せざるを得ないと考えられます。

少しずつ川辺川ダムは安楽死の方向に進んでいると思います。利水裁判の梅山究原告団長はじめ、多くの関係者の人達に感謝するとともに、少しですがその運動を支えてきた私達の活動も意義があったと勇気づけられました。これからもダム反対運動は、川辺川ダムが本当に安楽死するまでつづけられます。そして、世論による多くの国民の応援を期待しています。

最後に編集において多くの助言をいただいた海鳥社の西俊明氏に感謝いたします。

平成十五年七月四日

岐部明廣

**岐部明廣**（きべ・あきひろ）　1950年，大分県国東半島生まれ。1974年，九州大学医学部卒業，九州大学第一外科入局後，九州大学医科系大学院（1979年卒），福岡赤十字病院，九州厚生年金病院，米国クリーブランド・クリニックなどをへて，現在外山胃腸病院（人吉市南泉田町1番地）院長。編著書に『川辺川の詩』（海鳥社）がある

川辺川ダム　あなたは欲しいですか

■

2003年11月1日　第１刷発行

■

著者　岐部　明廣

発行者　西　俊明

発行所　有限会社海鳥社

〒810-0074 福岡市中央区大手門３丁目６番13号

電話092(771)0132　FAX092(771)2546

http://www.kaichosha-f.co.jp

印刷・製本　有限会社九州コンピュータ印刷

ISBN 4-87415-464-6

[定価は表紙カバーに表示]